W0074711

Wir freuen uns über Ihr Interesse an diesem Buch. Gerne stellen wir Ihnen zusätzliche Informationen zu diesem Programmsegment zur Verfügung.

Bitte sprechen Sie uns an:

E-Mail: WALHALLA@WALHALLA.de
http://www.WALHALLA.de

Walhalla Fachverlag · Haus an der Eisernen Brücke · 93042 Regensburg
Telefon (0941) 5684-0 · Telefax (0941) 5684-111

Vincent G. A. Zeylmans van Emmichoven

Mein neuer Job!

Impuls für

Ihre Karriere

Das Coaching-Buch für die erfolgreiche
Bewerbung gegen den Strom

2. Auflage

WALHALLA
FACHVERLAG

Bibliografische Information Der Deutschen Bibliothek
Die Deutsche Bibliothek verzeichnet diese Publikation in der Deutschen Nationalbibliografie; detaillierte bibliografische Daten sind im Internet über http://dnb.ddb.de abrufbar.

Zitiervorschlag:
Vincent G. A. Zeylmans van Emmichoven, Mein neuer Job!
Impuls für Ihre Karriere
Walhalla Fachverlag, Regensburg 2008

Hinweis: Unsere Werke sind stets bemüht, Sie nach bestem Wissen zu informieren. Die vorliegende Ausgabe beruht auf dem Stand von August 2008. Verbindliche Auskünfte zu arbeitsrechtlichen Fragen holen Sie gegebenenfalls beim Rechtsanwalt ein.

2. Auflage

Produktion: Walhalla Fachverlag, 93042 Regensburg
Umschlaggestaltung: grubergrafik, Augsburg
Druck und Bindung: Westermann Druck Zwickau GmbH
Printed in Germany
ISBN 978-3-8029-3419-3

Nutzen Sie das Inhaltsmenü:
Die Schnellübersicht führt Sie zu Ihrem Thema.
Die Kapitelüberschriften führen Sie zur Lösung.

Schnellübersicht

Hinweis: Um Missverständnissen vorzubeugen: Die männlichen Bezeichnungen stellen lediglich eine Konvention sowie eine Vereinfachung dar. Die jeweiligen Begriffe implizieren selbstverständlich auch weibliche Fach- und Führungskräfte. Das vorliegende Buch richtet sich ausdrücklich sowohl an Männer als auch an Frauen!

Sich für den richtigen Job positionieren

Die Erkenntnis, dass die meisten freien Stellen nicht sichtbar sind, ist nicht neu. Vincent Zeylmans aber ist es gelungen, daraus eine konsequente Bewerbungsstrategie abzuleiten. Zahlreiche Fach- und Führungskräfte hat er bei der Erschließung des verdeckten Arbeitsmarktes unterstützt. Mit großem Erfolg.

Zielklarheit

Eine wesentliche Grundvoraussetzung ist Zielklarheit: Wer auf dem verdeckten Arbeitsmarkt einen neuen Job sucht, muss sich selbst kennen – die eigenen Vorstellungen, Wünsche und Fähigkeiten. Bewerber, die sich darüber im Klaren sind, die strikt danach handeln und sich nicht verbiegen, sind deutlich im Vorteil; sie halten sich nicht länger bereit für „etwaige Positionen", sondern profilieren sich eindeutig und bringen sich gezielt in Position.

Authentizität

Gerade in Zeiten des Fachkräftemangels, im Recruiting für anspruchsvolle Aufgaben oder für spezialisierte Märkte verschafft eine klare und authentische Bewerbung den ausschlaggebenden Vorsprung; sie bürgt für mehr Arbeitsleistung, bessere Arbeitsergebnisse sowie höhere Arbeitszufriedenheit. Welchen Personalverantwortlichen würde das nicht überzeugen?

Effektivität

Zudem ist es effektiv, sich auf dem verdeckten Arbeitsmarkt umzusehen und zu den fünf Prozent der Bewerber zu gehören, die sich auf siebzig bis achtzig Prozent der verfügbaren Arbeitsstellen konzentrieren.

Vincent Zeylmans kenne ich seit zwanzig Jahren. Offensichtlich hat er die Erfolgsprinzipien seiner Bewerbungsstrategie auch in seinem eigenen Leben umgesetzt (Authentizität). Zielbewusst hat er die Karriereleiter vom Sachbearbeiter zum Abteilungs- und Bereichsleiter sowie zum GmbH-Geschäftsführer bei namhaften internationalen Konzernen erklommen. Sein Bewerbungs-Coaching ist in der Praxis geboren; es kann ohne Umschweife sofort genutzt werden (Effektivität) und vermittelt kompakt, worauf es ankommt, um sich erfolgreich zu positionieren.

Als Geschäftsführer der tempus Firmengruppe sind wir mit der Beratung vieler mittelständischer Firmen befasst und der zunehmend wichtigen Aufgabe „Die besten Mitarbeiter finden und halten". „Mein neuer Job" leistet einen wichtigen Beitrag dazu:

- Klare Bewerberprofile erleichtern uns die Arbeit.
- Gute Bewerber und gute Mitarbeiter tragen immer zur Qualitätsverbesserung bei.

Insbesondere – gleiche Chancen für alle

Nicht jeder Jobsuchende kann sich Bewerbungsseminare oder individuelles Bewerbungs-Coaching leisten. Umso mehr freue ich mich, dass dieser Leitfaden Jobsuchenden – über den Seminarrahmen und das individuelle Coaching hinaus – das entscheidende Praxiswissen um die erfolgreiche Jobsuche auf dem verdeckten Arbeitsmarkt zugänglich macht.

Prof. Dr. Jörg Knoblauch

Geschäftsführender Gesellschafter
der tempus. GmbH, Giengen

Start frei für den nächsten Karrieresprung

Fehlen die beruflichen Perspektiven, passt das Umfeld nicht, macht die Arbeit keine Freude, will das Unternehmen die eigene Arbeitskraft nicht mehr? Lassen sich Privatleben und Beruf nicht in Einklang bringen?

Bei Vincent Zeylmans startet der Weg zum beruflichen Erfolg mit der Bestimmung der persönlichen Berufung, d.h.: Nur wer sich der eigenen Wünsche und Restriktionen bewusst ist, kann die Suche nach dem neuen Job und damit verbundenen Glück erfolgreich beginnen. Schließlich gehen „Glücklichsein" und „Erfolg" Hand in Hand. Kaum ein Unternehmen kann widerstehen, wenn es die Begeisterung des Bewerbers für den mit voller Überzeugung angestrebten Job spürt.

Wo finden Sie den Job, der auf Sie wartet?

Vincent Zeylmans zeigt Wege zur Identifizierung der passenden Jobs auf. Neben den in Zeitungen und im Internet veröffentlichten Stellen gibt es eine große Zahl von verdeckten Stellen, die (noch) nicht publiziert sind. Der Autor stellt Methoden vor, auch diese verdeckten Stellen systematisch zu ermitteln. Bewerbungen werden so erfolgreicher, schließlich wissen nur wenige von der Existenz dieser Positionen.

Dieses Buch richtet sich an Fach- und Führungskräfte, die sich beruflich verändern möchten oder einen Neuanfang suchen. Es entstand aus dem Wissen und den persönlichen Erfahrungen von Vincent Zeylmans, der über viele Jahre hinweg als Führungskraft in internationalen Konzernen tätig war und schon damals sein Können und sein Gespür für gute Personalentscheidungen unter Beweis stellte. Seit etlichen Jahren unterstützt Vincent Zeylmans Fach- und Führungskräfte auf dem Weg zu einem neuen Job oder neuen Beruf. Zahlreiche Fach- und Führungskräfte verdanken ihm ihren Traumjob.

Wir wünschen Ihnen den beruflichen Erfolg, der Sie glücklich macht!

Dr. Wolfgang Achilles
www.jobware.de

Knackpunkt „Matching"

Täglich erreichen uns gegensätzliche Meldungen aus der Wirtschaft: Die schwankende Konjunktur veranlasst einige Branchen, zahlreiche Mitarbeiter zu entlassen, dennoch stehen wir an der Schwelle zur Vollbeschäftigung. Gleichzeitig mangelt es erheblich an qualifizierten Fach- und Führungskräften, bis zu zwei Millionen Stellen können nicht besetzt werden.

Eine zentrale Rolle spielt dabei nicht nur die Qualifikation, sondern das Matching, das Zusammenfinden von Arbeitgeber und Arbeitnehmer. In genau diesem Punkt bietet dieser Bewerbungsleitfaden wertvolle Hilfestellung: Mehr denn je sind Fach- und Führungskräfte in der Lage, ihren eigenen Markt zu gestalten! In der FAZ war vor einigen Wochen zu lesen: Im aktuellen Arbeitsmarkt bewerben sich eher die Unternehmen um neue Mitarbeiter als umgekehrt.

SPIEGEL-Online verkündete kürzlich, dass laut einer Umfrage lediglich 13 Prozent aller Arbeitnehmer mit ihrer Arbeit zufrieden seien. Zwar ist aufgrund häufig nicht zu beeinflussender Rahmenbedingungen ein neuer Job nicht immer die Lösung, aber in vielen Fällen lohnt es sich, die eigene Arbeitssituation zu ändern oder zumindest zu hinterfragen. Hier leistet „Mein neuer Job" beim Abwägen und Entscheiden individuell persönlicher Fragen sogar ein gewisses Bewerbungs-Coaching.

Kurz: „Mein neuer Job" hilft Ihnen nicht nur, technisch-quantitativ möglichst schnell und effektiv eine neue Stelle zu finden, sondern unterstützt Sie auch qualitativ darin, die Position zu ergreifen, die zu Ihnen passt.

Die erste Auflage war in wenigen Monaten abverkauft. Das zeigt, dass zu wenige Jobsuchende und Arbeitnehmer wissen, wie sie den verdeckten Arbeitsmarkt für sich erschließen und den richtigen Job finden. Viele positive Feedbacks bestätigen die Authentizität und den Nutzen dieses Bewerbungsleitfadens. Als Autor freue ich mich darüber ganz besonders, denn:

Mein Anliegen ist es, Sie mit meinen Erfahrungen, Empfehlungen und Tipps gezielt zu Ihrem Traumjob zu führen.

Vincent Zeylmans

Karriere ist mein Ziel

1

1. Höchste Zeit, mich zu verändern – Tapetenwechsel!

31. Dezember 2000. Ich schaue an diesem Silvesterabend noch einmal über meine E-Mail, wie ich meine Kündigung formuliert habe. Ich bin zufrieden. Der Inhalt ist meinem Arbeitgeber gegenüber respektvoll. Es ist mir wichtig, dass keinerlei Vorwurf, kein Hauch von Selbstmitleid zum Ausdruck kommen. Wenn ich schon das Unternehmen verlasse, dann in einer Weise, in der ich allen jederzeit wieder in die Augen schauen kann!

Ich überlege noch einmal. Ich bin 45 Jahre alt, Ausländer, kein Akademiker und bin einen Mausklick davon entfernt, mich von einem sechsstelligen Euro-Gehalt zu verabschieden. Mein innerer Impuls bestätigt mich aber erneut in dieser Entscheidung! Zwar habe ich neun Monate Kündigungsfrist und könnte vielleicht wieder in die Beratungsunternehmen einsteigen, die ich mitgegründet habe. Ob ich damit aber meinen Lebensunterhalt bestreiten kann? Ob ich mich voll und ganz dem Consulting widmen möchte? Ich vertiefe diese Gedanken nicht weiter, sondern schöpfe Zuversicht. Schließlich kenne ich mich im Thema Jobhunting aus. Die vergangenen 15 Jahre habe ich viele andere bei der Jobsuche erfolgreich begleitet. Nun bin ich an der Reihe!

Ich drücke auf „send". Alea iacta est! Der Würfel ist gefallen! In Sekundenschnelle werden mein Chef in Spanien sowie die Personalabteilung in Bayern informiert sein. Eine Kopie der Nachricht landet in Kalifornien.

Neues Jahr – neuer Anfang

Am Neujahrstag ist mir endgültig klar: Mit dem neuen Kalenderjahr hat auch für mich ein neuer Abschnitt angefangen. Ich kenne die Fakten:

- Auch wenn die Zahl der Arbeitslosen in Deutschland noch immer hoch ist, finden 400 000 Arbeitsuchende monatlich eine neue Stelle.
- Zwei von drei Unternehmen finden keinen geeigneten Bewerber (FAZ).
- 90 Prozent der Bewerbungen werden im ersten Durchgang aussortiert, weil sie nicht professionell gestaltet sind.

Ich entscheide mich dafür, die Chancen und Möglichkeiten zu sehen, zumal ich mich nicht auf die Stellenanzeigen verlassen werde.

Schließlich wird nur ein Drittel der Vakanzen öffentlich ausgeschrieben (Institut für Arbeits- und Berufsforschung), doch nahezu 95 Prozent der Bewerber stürzen sich darauf. Ich werde das Jobhunting praktizieren und mich auf die restlichen zwei Drittel konzentrieren. Meine Jagdinstinkte sind geweckt. Ich ziele auf den verdeckten Arbeitsmarkt und werde versuchen, meinen eigenen Markt zu kreieren!

Richtig vorgehen, Schritt für Schritt

In den kommenden Tagen mache ich meine Hausaufgaben. Ich überlege, was ich anzubieten habe.

- Was kann ich besonders gut?
- Was macht mir Spaß?
- Ist ein roter Faden in meinem Werdegang erkennbar? Wer bin ich als Person?

Ich fasse das Ergebnis in einem Anschreiben zusammen, das ich dem jeweiligen Unternehmen anpassen werde. Anschließend gestalte ich den Lebenslauf. Ich achte darauf, dass ich nicht nur beschreibe, was ich gemacht, sondern auch welche Ergebnisse und Resultate ich erzielt habe. Des Weiteren stelle ich mich darauf ein, dass Arbeitssuche mit erheblichem Zeitaufwand sowie Kosten verbunden ist.

Ich gehe mit mehreren Sakkos und Krawatten zu einer Visagistin/Fotografin und lasse eine Serie von Bildern erstellen. Anschließend suche ich die besten Fotos aus, die ich gleich in ausreichender Zahl bestelle. Für meine Bewerbungen kaufe ich weiße DIN-A4-Fensterkuverts mit Kartonrücken und besorge etliche Sonderbriefmarken. Eine Bewerbung ist schließlich eine Visitenkarte, und es ist mein Ziel, kein Detail dem Zufall zu überlassen.

Initiativbewerbungen

Ich möchte nicht in der Masse untergehen, sondern herausragen. Meine Bewerbung soll Aufmerksamkeit auf sich ziehen. Ich lese die Zeitungen und Fachzeitschriften, nicht um Stellen, sondern Unternehmen zu entdecken. Auch bei Jobbörsen suche ich Firmen, die mich ansprechen. Hier ist es besonders hilfreich, dass ich Stichworte eingeben kann. Ich forsche nach Unternehmen, die ich anschreiben werde (Internet). Die Eingangssätze im Anschreiben will ich ansprechend formulieren. Wenn mir der Ansprechpartner fehlt, rufe ich im Unternehmen an und frage, an wen ich meine Initiativbewerbung richten kann.

Kontakt zu Personalberatern

Ich habe genug Erfahrung mit Headhuntern, um zu wissen, dass auch sie sich über gut gestaltete und aussagefähige Bewerbungen freuen! Ich schreibe zunächst die zehn größten Unternehmen an. Ein wenig Recherche ist erforderlich. Ich stoße nicht auf die Namen, die ich wöchentlich in den Stellenanzeigen der großen Tageszeitungen lese, sondern auf Unternehmen, die sich auf Direktansprache spezialisiert haben, wie Heidrick & Struggles, Ray & Berndtson, Egon Zehnder und andere. Auch hier ist Vorarbeit notwendig. Die Adressen finde ich im Internet oder in Karriere-Portalen wie www.jobware.de. Ich frage telefonisch nach, welcher Berater sich um meine Positionierung und die angepeilte Branche kümmert. Die Jagd fängt an, mir Spaß zu machen.

Anzeige in der Samstagausgabe der Frankfurter Allgemeinen Zeitung

Ich weiß, dass die Stellensuchanzeigen der FAZ Samstagausgabe Pflichtlektüre für alle Personalberater sind. Ich bin mir ebenfalls bewusst, dass diese konkrete Angaben suchen: Positionierung, Alter, Ausbildung, Branche, Spezialkenntnisse sowie Persönlichkeitsmerkmale. Das Geld für die Anzeige ist gut angelegt. Ich erhalte ca. 25 Rückmeldungen, wovon mehrere zu wertvollen Kontakten führen.

Hinterlegen des Lebenslaufs bei den Online-Karriere-Portalen

Trotz Dotcom-Blase nimmt der Stellenwert des Internets, gerade bei der Stellenvermittlung, schlagartig zu! Eine bedeutende Rolle spielen dabei die Jobbörsen. Ich teste die Großen wie Jobware, Stepstone und Monster. Es kostet mich anderthalb Stunden pro Jobportal, bevor ich mit meinem hinterlegten Lebenslauf zufrieden bin. Jeden Abend schaue ich nach, wer Kontakt zu mir aufgenommen hat. Ich „leere die Netze" und muss versuchen, den Überblick zu bewahren. Schön, dass ich eine erste Antwort per E-Mail herstellen kann. Ich sende zunächst mein Anschreiben sowie meinen Lebenslauf.

Bundesagentur für Arbeit

Um wirklich alle Möglichkeiten zu nutzen, setze ich mich mit der Bundesagentur für Arbeit, Zentrale Auslands- und Fachvermittlung (ZAV) in Verbindung. Die Unterstützung ist kompetent, freundlich und professionell. Auf Anforderung übersende ich zwei Sätze mit Bewerbungsunterlagen. Auf meine Stellensuchanzeige in der Agentur-Zeitung „Markt und Chance" nehmen potentielle Arbeitgeber Kontakt mit mir auf.

Motivation, Disziplin, Selbstmanagement

Wie ich mich fühle und auf mich achte, wird in den kommenden Wochen erfolgsentscheidend sein.

Ich fühle mich gut, wenn ich aktiv den Rahmen gestalte und von meiner Person ausgehe. Ich werde nicht gezwungen, mich als „Chamäleon" zu verstellen, sondern ich stelle mich von meiner besten beruflichen Seite dar und schaue, wer „anbeißt". Nur, wenn ich das Empfinden habe, dass mein Profil hundertprozentig passt, reagiere ich auf ausgeschriebene Stellen.

Arbeitssuche ist eine 35-Stunden-Woche. Ich widerstehe der Versuchung, zu spät ins Bett zu gehen, ungesund zu essen und keinen Sport zu treiben. Am schwersten fällt mir, mein Selbstwertgefühl beizubehalten. Mein Wert liegt, stärker als ich angenommen hatte, in meiner Leistung als in meinem Sein. Jeden Tag will ich mindestens eine Bewerbung versenden. Ich pflege mich und ziehe mich vernünftig an. Um 09.00 Uhr wird das Handy eingeschaltet. Ich bin da! Der Headhunter soll mich nicht erwischen, während ich im Pyjama herumgammele.

Im Laufe von zwei bis drei Monaten verschicke ich um die 80 Bewerbungen, zielgerichtet, fokussiert. Ich erhalte eine Reihe Einladungen, schwerpunktmäßig von Personalberatern. Ich bin bereit. Ich kenne meinen Lebenslauf auswendig. Ich bin in der Lage, in zehn Minuten von meinen einzelnen beruflichen Stationen aussagekräftig zu berichten (dafür war viel Übung notwendig!). Ich liste nicht so sehr auf, wofür ich verantwortlich war. Mein Gegenüber will erfahren, was mich ausgezeichnet hat.

- Worauf war ich stolz?
- Was ist mir gut gelungen?
- Von welchen Resultaten und Ergebnissen kann ich berichten?

Ich lege mir Beispiele zurecht. Jeder hört gerne Geschichten. Gerade am Anfang des Gesprächs spielt der Sympathiefaktor eine wesentliche Rolle. Daher versuche ich, nicht verkrampft, sondern natürlich zu sein. Ich überlasse meinem Gegenüber jeweils das Gespräch.

Ich habe versucht, zielorientiert zu recherchieren und habe zahlreiche Bewerbungen auf den Weg gebracht. Ein bisschen Geduld und die Gabe, seine Zeit sinnvoll zu nutzen, gehören auch zum Erfolg – so mein täglicher innerer Zuspruch, der mich fit hält.

Die Belohnung

Die ganze Familie fährt für zwei Wochen nach Südfrankreich. Nachdem mir mein Handy abhanden kommt, sind wir unerreichbar. Als wir am Sonntag zurückkommen, blinkt der Anrufbeantworter:

Ein amerikanischer Konzern um die Ecke lädt mich am kommenden Dienstag aufgrund meiner Initiativbewerbung zu einem Vorstellungsgespräch ein. Den Termin bestätige ich am Montag schleunigst. Ich rufe noch einen Freund an, der beim ehemaligen Mutterunternehmen gearbeitet hat. Zufällig kennt er meine beiden Gesprächspartner. Somit fühle ich mich optimal vorbereitet.

An der Rezeption bin ich besonders freundlich zu der Dame am Empfang. Ich schaue, wie die Leute gekleidet sind, wie sie miteinander reden und umgehen, um die Firmenkultur zu erfassen. Könnte ich mich hier zu Hause fühlen?

Das Gespräch mit der Personalleiterin sowie dem direkten Vorgesetzten verläuft angenehm. Ein zweites Gespräch mit dem Geschäftsführer folgt. Zwei offene Positionen sollen zusammengelegt und zu einer Funktion verschmolzen werden – so das Angebot. Ich akzeptiere!

Ich bin zu Bewerbungsgesprächen vom Niederrhein über das Ruhrgebiet in den Großraum Rhein-Main und schließlich bis nach Zwiesel in den Bayerischen Wald gefahren. Meinen neuen Job fand ich bei einem Unternehmen, das zehn Minuten von meiner Haustür entfernt war, wo ich es am wenigsten erwartete.

2. Das richtige Bewerbungsbuch für mich?

Die einführend vorgestellte Vorgehensweise ist allein aufgrund ihres Ergebnisses überzeugend. Aus meiner langjährigen Erfahrung als Karriereberater und Coach kann ich sie als die erfolgreichste bestätigen, d.h. dieser praktische Bewerbungsberater zeigt vor allem Fach- und Führungskräften, wie sie den sogenannten verdeckten Arbeitsmarkt für sich erschließen. Jederzeit jedoch sind die dort geltenden Prinzipien auf den sichtbaren Arbeitsmarkt übertragbar. Wer sich darauf versteht, kommt schneller ans Ziel. Aber auch andere Berufsgruppen profitieren von den Hilfestellungen, in die folgende drei Sichtweisen einfließen:

- Eigene Erfahrungen als Bewerber

Ich stand mehrmals in meinem Leben vor einer Neu-Orientierung. Meine Ausgangslage war „objektiv" nie besonders gut. Ich war Nicht-Akademiker, Ausländer und ging – allmählich – auf die 50 zu. Dennoch erhielt ich jederzeit attraktive Stellenangebote.

- Personalauswahl als Fachbereichsleiter

Da ich dutzende Personen eingestellt habe, weiß ich, welche Kriterien für mich ausschlaggebend waren. Die Entscheidungen wurden Hand in Hand mit den Personalabteilungen getroffen. Somit fließt auch deren Sichtweise ein.

- Karriere-Coach

Seit 1989 berate ich Fachspezialisten und Führungskräfte bei der Suche nach einer neuen Position. Seit sechs Jahren erstelle ich – auch auf der Jobware-Plattform – Unterlagen-Checks, führe telefonische Beratungen sowie individuelle Karriere-Coachings und Seminare durch. Ich habe Anschauungsmaterial und weiß genau, wie sich „Deutschland bewirbt".

Dieser Bewerbungsratgeber stellt den Bewerbungsprozess Schritt für Schritt vor. Er ist einfach zu lesen und berücksichtigt zudem die neuesten Erkenntnisse des deutschen Arbeitsmarktes. Erfahrungsberichte und Anschauungsmaterial machen die Umsetzung in die eigene Bewerbungsstrategie leichter.

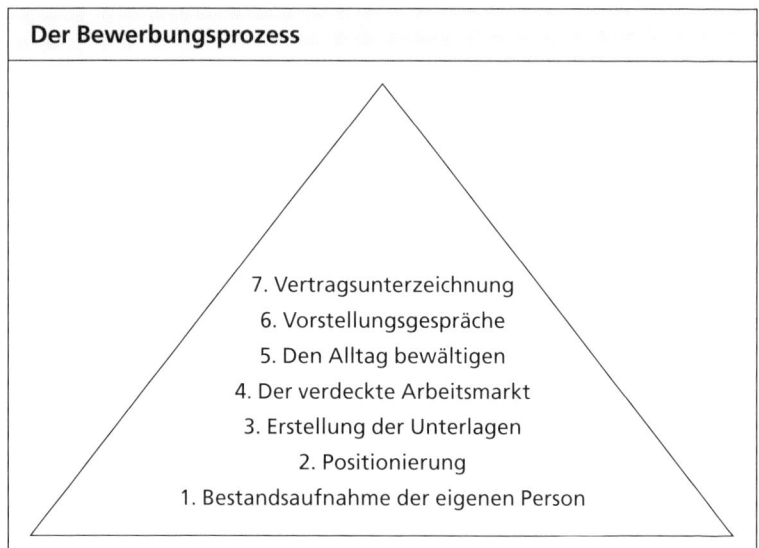

Der Bewerbungsprozess

7. Vertragsunterzeichnung
6. Vorstellungsgespräche
5. Den Alltag bewältigen
4. Der verdeckte Arbeitsmarkt
3. Erstellung der Unterlagen
2. Positionierung
1. Bestandsaufnahme der eigenen Person

Sind Sie die richtige Leserin/der richtige Leser?

Dieser Bewerbungsratgeber ist goldrichtig für Sie, wenn Sie:

- unzufrieden mit Ihrer derzeitigen Tätigkeit sind und sich anderweitig orientieren möchten

- sich fragen, ob Ihre derzeitige Position optimal zu Ihnen passt

- arbeitsuchend sind und eine neue Stelle benötigen

- sich dafür interessieren, wie man den verdeckten Arbeitsmarkt erschließt

3. Plädoyer für eine Karriere gegen den Strom

Seit 15 Jahren stelle ich fest, dass sich die meisten Bewerber auf ausgeschriebene Stellen bewerben. Dahinter steht der Gedanke, dass der Arbeitgeber diesen Weg bevorzugt, da er dabei nur Vorteile hat. Er kann dann schließlich aus dem Vollen schöpfen …

Aus der Sicht des Unternehmens stellt sich der Sachverhalt anders dar. Viele Personalabteilungen sind nicht auf die Bewältigung von Bewerbungs-Lawinen ausgelegt. Hinzu kommt: Wer soll die Anzeige gestalten? Die Eingangsbestätigungen versenden? Eine qualifizierte Auswahl treffen?

In Restrukturierungsprozessen ist auch der Bereich für Human Resources häufig auf eine Personalverwaltung und Gehaltsabrechnung geschrumpft.

Aber das ist nur die eine Seite der Medaille. Was Bewerbern als paradiesischer Zustand erscheint, nämlich aus einem Heer der Bewerbungen die „beste" aussuchen zu können, ist für Arbeitgeber häufig ein Albtraum. Mit dieser Form der „Kalt-Akquise" haben viele Unternehmen schlechte Erfahrungen gemacht. Eine Fehlbesetzung kann locker ein Jahresgehalt und mehr kosten –, dazu kommt das Ärgernis, dass die Stelle nach wie vor unbesetzt ist.

Arbeitgeber versuchen das Risiko zu minimieren, indem sie Auszubildende übernehmen, zeitlich begrenzte Arbeitsverträge in Festanstellungen umwandeln, Berater anwerben, Empfehlungen berücksichtigen, ehemalige Kollegen zur Rückkehr animieren, den Zeitarbeiter übernehmen oder einen Headhunter einschalten.

Die Initiativbewerbung genießt den Vorzug. Den meisten Bewerbern ist das nicht bewusst – oder sie sehen nicht, welche Chancen damit einhergehen.

Sie bewerben sich weiterhin auf ausgeschriebene Stellen: ein Lottospiel! Bei Formel-1-Rennen sind die Spielregeln klar. Die drei Besten kommen aufs Treppchen. Im Bewerbungsverfahren ist der Verlauf unbekannt. Wer entscheidet auf der Arbeitgeberseite? Nach welchen Kriterien? Wer wird gesucht? Der Generalist? Der Spezialist? Männchen/Weibchen? Welches Alter? Erfahrung im Konzern bevorzugt? Hintergrund im Mittelstand? Jung und bereit zur Anpassung? Oder lieber mit Lebenserfahrung?

Wenn eine ausgeschriebene Stelle 100 Bewerbungen anzieht, ist die Chance, dass die einzelne Bewerbung in der Masse untergeht, recht groß. Umfragen haben ermittelt, dass ein Drittel der Unternehmen der Bewerbung bei der Erstdurchsicht im Schnitt weniger als zwei Minuten widmet – Tendenz fallend bei steigendem Bewerbungsaufkommen.

Dennoch investieren viele Bewerber zwei bis drei Stunden in eine Reaktion auf eine Anzeige –, da sie keinen anderen Weg sehen. 95 Prozent der Bewerber stürzen sich auf 35 Prozent der Stellen. Im Führungsbereich wird der Prozentsatz der ausgeschriebenen Positionen sogar nur auf etwa 20 Prozent geschätzt.

Die Frage lautet, wie man als Arbeitsuchender zu den 5 Prozent der Bewerber gehören kann, die sich auf 65 Prozent der verfügbaren Stellen (im Führungsbereich und bei Fachspezialisten 80 Prozent) konzentrieren. Was bedeutet der verdeckte Arbeitsmarkt? Wie funktioniert er? Und wie erschließt man ihn?

Kurz: Wie sieht Ihr Bewerbungsdreieck aus?

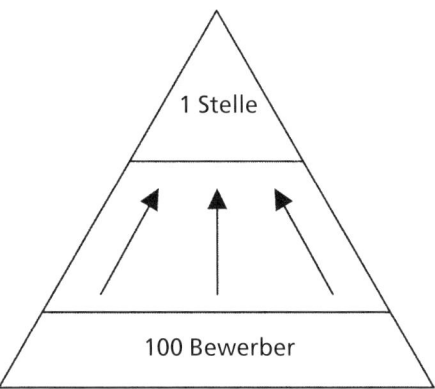

Der traditionelle Weg

Geht ein Bewerber klassisch vor, wird es für ihn extrem schwierig, sich vom Wettbewerbsumfeld abzuheben und den Zuschlag zu erhalten.

Strategisch gesehen ist es sinnvoll, den Prozess umzukehren:

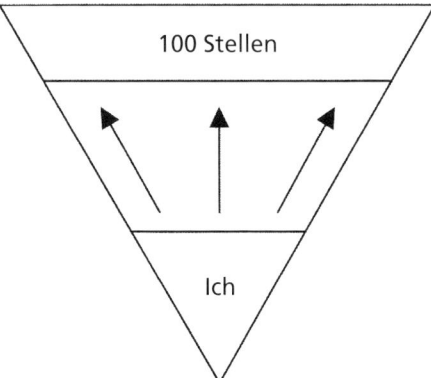

Karriere gegen den Strom

Der Bewerber geht nur von sich aus. Er ist vollkommen authentisch. Er gewinnt Aufmerksamkeit und Alleinstellungsmerkmale. Wenn er die Stelle bekommt, bringt er Leistung und Qualität, da Anforderungen und Persönlichkeitsprofil miteinander im Einklang sind.

Bestandsaufnahme:
Wer bin ich, wo stehe ich?

2

Gerade wenn Sie den verdeckten Arbeitsmarkt erschließen, müssen Sie sich mit sich selbst auseinandersetzen. Sie reagieren schließlich nicht auf eine ausgeschriebene Stelle. Deshalb sollten Sie wissen, wer Sie sind, was Sie am besten beherrschen und in welcher Umgebung Sie Ihre Leistungen erbringen möchten.

Folgende Vorgehensweisen haben sich in der Praxis bewährt:

1. Was motiviert mich wirklich?

Die anerkannte DISG®-Methode zur Erstellung des Persönlichkeits-profils geht auch der Frage nach der inneren Motivation, des inneren Antriebs nach. Bekannt ist: Der Mensch kann von außen nur be-grenzt motiviert werden. Eine Gehaltserhöhung als Motivationsfak-tor hält im Schnitt zwei Wochen. Auch schöne Titel, Firmenwagen, Eckbüros, reservierte Parkplätze und Bonus-Vereinbarungen sind nett, aber stellen keine langfristige Triebfeder dar, wenn der innere Antrieb fehlt. Der eine Sachbearbeiter wünscht sich Kontinuität, Si-cherheit und Routine, der andere Freiheit und Herausforderungen. Die eine Führungskraft sucht den Kontakt zu Kunden und Kollegen, die andere freut sich darüber, dass sie die Tür zumachen und sich voll auf die Aufgabenstellung konzentrieren kann.

Im Privatleben ist es kaum anders. Im Jahr 2006 wies eine Umfrage im FOCUS unter ehemaligen Lotto-Gewinnern aus, dass gar ein paar Millionen auf dem Konto nur acht Wochen eine erhöhte Zufrieden-heit bewirkten. Anschließend holte sie der Alltag wieder ein, und sie sind genervt, wenn die Kinder schlechte Noten nach Hause bringen, der Wellensittich krank ist, der Beziehungskonflikt anschwillt …

Zahlreiche Wissenschaftler haben sich bereits mit der Frage beschäf-tigt, was den Menschen antreibt und welche Faktoren Begeisterung hervorrufen. Ergebnis: Der Mensch kann langfristig nur von innen heraus motiviert werden.

Eine sehr anerkannte Methode wurde in den 60er Jahren von Prof. Dr. John Geier (Geier Learning International www.geierlearning.com) entwickelt und seitdem über 60 Millionen Mal eingesetzt. Die Grund-idee geht auf William Marstons Buch „Emotions of Normal People" zurück und hat sich dahin entwickelt, Menschen in unterschiedliche Kategorien einzuteilen:

■ Extrovertiert

Eine Seite des Modells zeigt Personen, die eher offen sind, auf andere zugehen, das Wort ergreifen, agieren und Ziele vor Augen haben.

■ Introvertiert

Die andere Seite der Achse weist die Personen auf, die eher abwarten und reagieren. Sie kümmern sich lieber um die Umsetzung, den Prozess und implementieren diesen mit einem hohen Qualitätsanspruch.

■ Menschenorientiert

Eine weitere Gruppe zeichnet sich darin aus, dass sie den Umgang mit Menschen wünscht.

■ Aufgabenorientiert

Wer sich über sichtbare Ergebnisse freut und darin seine „Stärke" sieht, zählt zur Gruppe der aufgabenorientierten und darüber motivierbaren Menschen.

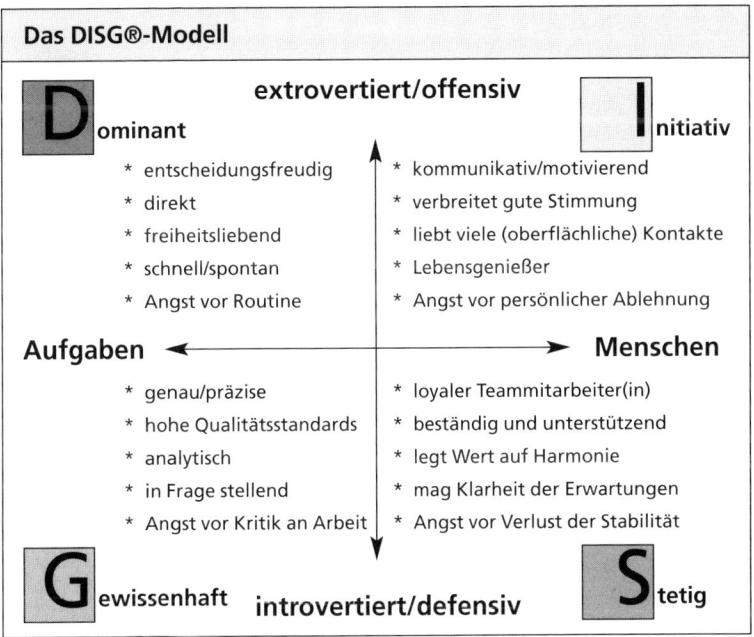

Erstellt von Vincent Zeylmans

Die zwei Achsen bilden vier Quadranten, die Prof. Geier ursprünglich überschrieben hat mit:

D (ominant)
I (nitiativ)
S (tetig)
G (ewissenhaft)

Die Stärke des Modells liegt in seiner Schlüssigkeit und Nachvollziehbarkeit. In mehreren Bewerbungsgesprächen konnte ich die Frage nach den eigenen Stärken und Schwächen aufgrund des DISG®-Modells authentisch und logisch beantworten.

D-Typ

Der D-Typ befindet sich an der Schnittstelle zwischen Aufgabenorientierung und zielorientiertem Verhalten. Er möchte Richtung geben, Veränderung erleben, Herausforderungen angehen und effektiv möglichst viel erreichen. Gelegentliche Fehler nimmt er in Kauf, ein überschaubares Risiko meidet er nicht. Er hört eher ungern zu, ist schnell und direkt.

I-Typ

Der I-Typ ist extrovertiert und menschenorientiert. Er steht gern im Mittelpunkt, sucht Kontakte, redet viel und verlässt sich auf seine Überzeugungskraft. Er liebt Abwechslung und Lebensgenuss, den er großzügig mit anderen teilt. Er meidet Details und überlässt diese den anderen. Das Vertrauen, das er also in seine Umgebung setzt, hat häufig etwas mit Unlust zu tun, sich mit Einzelheiten zu befassen. Öffentliche Anerkennung ist ihm wichtig.

S-Typ

Der S-Typ freut sich über ein stabiles, berechenbares Umfeld. Er sucht ebenfalls den Kontakt zu Menschen, aber auf der Qualitätsebene. Er ist loyal, geht die extra Meile und ist recht anspruchslos. S-Typen sind treue Teammitarbeiter, die eine konstante Leistung erbringen. Sie wünschen sich Klarheit in Beziehungen und Erwartungen und nehmen sich gern Zeit, damit sie die Aufgaben richtig erledigen.

G-Typ

Der G-Typ ist logisch denkend. Er kann mehr mit Fakten, Zahlen und geordneten Systemen als mit Emotionen anfangen. Er weist eine strukturierte und systematische Vorgehensweise vor. Er bereitet sich gut vor, liebt Details und Qualität. Er ist analytisch, gibt sich nicht schnell zufrieden. Er ist häufig im Finanz- oder IT-Bereich sowie in der Qualitätssicherung oder auch beim Design anzutreffen.

Wichtig: Wer seinen Typ (häufig eine Mischung) kennt, ist in der Lage, seine Präferenzen zu artikulieren und diese bereits im Anschreiben zu dokumentieren.

Häufig habe ich als D-I-G-Typ meine Person folgendermaßen beschrieben:

Beispiel:

„Ich bin eine zielorientierte Persönlichkeit, die etwas bewegen möchte. Herausforderungen sind für mich wichtig. Es ist für mich motivierend, zusammen mit meinen Mitarbeitern messbare Ergebnisse zu erzielen. Dabei kann ich zu Ungeduld neigen. Ich bin lieber unterwegs, als dass ich mich mit den Befindlichkeiten des gesamten Teams aufhalte. Ich bin anspruchsvoll, was das Resultat angeht, und habe insgesamt einen hohen Qualitätsanspruch."

2. In welchem Umfeld blühe ich auf?

Das DISG®-Modell erschließt jedem Typen das optimale Umfeld, das aus der obigen Beschreibung abgeleitet werden kann:

- D – benötigt Freiheit. Er wird nicht gern kontrolliert, übt aber selbst Kontrolle aus, benötigt wenig Sicherheit und sucht sich eigene Wege zur Zielerreichung.

- I – ist von einem warmherzigen Umfeld motiviert, in dem weniger Wert auf harte Ergebnisse als auf persönliche Beziehungen gelegt wird. Seine Stärke ist die verbale Kommunikation.

- S – mag die Vorhersagbarkeit, wenig Änderungen, Stabilität und keine Konflikte im Team. Er freut sich über eine gute Einführung und Anleitung und entwickelt sich dann zu einem zuverlässigen Leistungsträger.

- G – überwacht den Prozess. Er ordnet, strukturiert, dokumentiert und kommuniziert bevorzugt in schriftlicher Form, damit die Qualität gewährleistet bleibt und nichts entgleist. Das Umfeld soll eine Einordnung in „richtig" und „falsch" unterstützen.

3. Was macht mir Spaß?

Arthur F. Miller hat innerhalb von 40 Jahren die Leistung von etwa 50 000 Personen erforscht. Daraus hat er das MAP (Motivated Abilities Program) entwickelt. Er stellte fest, dass jeder Mensch mit sieben bis zehn angeborenen Fähigkeiten auf die Welt kommt. Wenn er in der Lage ist, diese Fähigkeiten zu nur 20 Prozent einzusetzen, vermag er die weiteren 80 Prozent der Arbeit adäquat zu bewältigen.

Es lohnt sich also zu überlegen, welche angeborenen Fähigkeiten Sie haben. Was hat Spaß gemacht? Was hat gut funktioniert? Welche Geschichten kommen Ihnen in den Sinn, die Sie in guter Erinnerung haben? Welche Rolle haben Sie darin gespielt?

Spannend wird es, sobald die Fähigkeiten in vier Hauptkategorien eingeteilt werden, d.h. in den Umgang mit:

1. Menschen
2. Informationen
3. Material
4. Kreativität

Was unter den vier Kategorien im Einzelnen zu verstehen ist, verdeutlichen die jeweils zugeordneten Tätigkeiten in nachfolgender Übersicht.

Umgang mit Menschen	Punkte:	Umgang mit Informationen	Punkte:
1. Anleitungen folgen	—	1. Verwalten	—
2. Dienen	—	2. Kalkulieren	—
3. Nachempfinden, Mitleiden	—	3. Ins Rollen bringen	—
4. Kommunizieren	—	4. Forschen	—
5. Überzeugen	—	5. Bewerten	—
6. Verhandeln, Entscheiden	—	6. Organisieren	—
7. Gründen, Aufbauen	—	7. Verbessern, Anpassen	—
8. Behandeln	—	8. Logisch denken	—
9. Beraten	—	9. Planen, Entwickeln	—
10. Unterrichten	—	10. Strukturieren	—
11. Führen	—	11. Konzepte entwickeln	—
12. Vermittlung in Konflikten	—	12. Integrieren	—

Umgang mit Material, Maschinen und Tieren	Punkte:	Bereich Kreativität und Bewegung	Punkte:
1. Gegenstände behandeln	—	1. Vorführen, Amüsieren	—
2. Mit Erde und Natur arbeiten	—	2. Musizieren	—
3. Maschinen bedienen	—	3. Bildhauern	—
4. Umgang mit dem Computer	—	4. Tanzen	—
5. Präzisionsarbeit ausführen	—	5. Pantomime aufführen	—
6. Bauen	—	6. Theater spielen	—
7. Malen, Anstreichen	—	7. Zeichnen	—
8. Reparieren	—	8. Design entwerfen	—
9. Dekorieren	—	9. Schreiben	—
10. Mit Elektronik umgehen	—	10. Kreativ denken	—
11. Kochen, Backen	—	11. Fotografieren	—
12. Umgang mit Tieren	—	12. Sportliche Aktivitäten	—

„Fähigkeitsworkshop", Abdruck mit freundlicher Genehmigung von xpand.

Laurence Peter formulierte 1969 in seinem Klassiker „Das Peter-Prinzip": Die Frage nach den Fähigkeiten ist essentiell.

Beispiel:

Der Naturwissenschaftler ist vielleicht ein hervorragender Forscher. Nun wird er aufgrund seiner guten Leistung befördert, ihm wird die Leitung eines akademischen Teams mit sieben Mitarbeitern übertragen. Ab jetzt schlichtet er bei Konflikten und führt Leistungsbeurteilungsgespräche durch. Er ist häufiger mit seinem Chef in Sitzungen und muss seinem Team die Weisungen „von oben" klar machen. Der neue Teamleiter verbringt 30 Prozent seiner Zeit mit seinen Mitarbeitern und ärgert sich, dass „seine Arbeit" liegen bleibt. Seine Ergebnisse enttäuschen. Fazit: Es war ein Fehler, ihm die Teamleitung zu übertragen.

Laurence Peter stellte fest, dass jeder bis zur Stufe der Inkompetenz befördert werden kann. Unser Forscher war ein exzellenter Fachspezialist, wahrscheinlich mit Hauptfähigkeiten im Bereich Informationen. Als er auf dem Gebiet „Mensch" gefordert wurde, brach seine Leistung zusammen.

Beispiel:

Ich erhielt einen Coachingauftrag aus einem großen Versicherungskonzern. Ein bewährter Bereichsleiter (40) hatte die Möglichkeit, eine Position knapp unter dem Vorstand zu übernehmen. Er wollte die Entscheidung überprüfen.

Im Prozess stellte sich heraus, dass er sehr gut mit Menschen umgehen konnte. Außerdem bereitete es ihm Freude, noch einen gewissen Bezug zum operativen Geschäft zu haben.

Er wusste, dass seine Tätigkeit auf der nächsthöheren Stufe aus strategischen Entscheidungen bestehen würde. Gleichzeitig wäre er von seinen wenigen direkten Mitarbeitern abgesondert. Mit dem Kerngeschäft und dem Erbringen der Dienstleistung hätte er überhaupt nichts mehr zu tun.

Er lehnte die Stelle ab.

In diesem Zusammenhang ist es interessant zu beobachten, wie sich erfolgreiche Führungskräfte entwickeln (IBM-Untersuchung aus den USA aus den 80er Jahren). Die eigenen Fähigkeiten können mit den Anforderungen abgeglichen werden.

Wohin geht die Zeit von erfolgreichen Führungskräften?			
	Planung/ Strategie	Mitarbeiter	Operative Tätigkeit
Geschäftsführung	45 Prozent	45 Prozent	10 Prozent
Bereichsleitung	20 Prozent	55 Prozent	25 Prozent
Abteilungsleitung	5 Prozent	45 Prozent	50 Prozent
Teamleitung	5 Prozent	20 Prozent	70 Prozent

4. Was sind meine Werte?

Im vergangenen Jahr feierte mein Onkel seinen 80. Geburtstag. Seine Kinder und Enkel sowie Freunde und weitere Verwandte waren zu einer großen Feier eingeladen. Höhepunkt war nicht das exzellente Buffet, sondern die kreativen Einlagen. Seine Kinder hatten Bilder aus der Vergangenheit gesammelt, wegweisende Episoden aus seinem Leben nachgestellt, Gedichte geschrieben und Reden gehalten. Allen Anwesenden wurde nochmals vor Augen geführt, wie er sein Leben gelebt und welchen Eindruck er hinterlassen hat.

Meine Gedanken wanderten in die Zukunft. Wenn ich dieses Alter erreiche, was wird dann über mich gesagt werden? Mir war bewusst, dass die Zeit schnell vergeht. Wenn ich die Reden zu meinem 80. Geburtstag nicht dem Zufall überlassen möchte, ist es wichtig, mein Leben entsprechend auszurichten:

Was wir realisieren, wofür wir bekannt sein wollen, welche Bedeutung wir für welche Menschen haben möchten – all das sagt viel über unsere Werte aus.

Stephen R. Covey redet in seinem Weltbestseller „Die 7 Wege zur Effektivität" von den vier „L's", die für einen Menschen lebensnotwendig sind:

- Live (Geld verdienen)

- Love (in gesunden Beziehungen leben)

- Learn (persönliche Weiterentwicklung)

- Leave a legacy (ein Vermächtnis hinterlassen)

Vor allem der letzte Punkt, ein Vermächtnis hinterlassen, gewinnt in der zweiten Lebenshälfte an Bedeutung. Gleichzeitig stelle ich in meinen Coachings fest, dass die Sinnfrage immer früher in Erscheinung tritt. War man noch vor 20 Jahren der Meinung, dass sich die „Midlife-Crises" um die 50 bemerkbar macht, treffe ich heute zunehmend Personen zwischen 37 und 44, für die nicht länger „Erfolg", sondern „Bedeutung" entscheidend ist.

Beispiel:

Herr Bauer* war Ende 30. Er hatte vor acht Jahren bei einer IT-Beratung angefangen. Das mittelständische Unternehmen war sprunghaft gewachsen. Die Kundenstruktur bestand aus Banken, Versicherungen, Konsumgüterbranche. Vor wenigen Jahren wurde er vom Projekt-Manager zum Projekt-Leiter befördert. Die operativen Tätigkeiten blieben aber weiterhin bei ihm. 70-Stunden-Wochen waren die Normalität. Seine Freundin, mit der er seit zehn Jahren zusammen war, wollte gern Kinder. Daran war bei dieser Alltagsgestaltung nicht zu denken.

Stephan* rief mich an. Sein Unternehmen suchte den Einkaufsleiter. Jahresgehalt 80 000 Euro. Nach den ersten Gesprächen wunderte er sich über die Vielzahl der Bewerber aus Konzernen. Diese waren bereit, aus einem ungekündigten Arbeitsverhältnis auf 20 Prozent Jahresgehalt zu verzichten, wenn sie bei diesem Arbeitgeber anfangen könnten. Nicht das Geld war entscheidend, sondern sie wollten – der Werte wegen – von der börsennotierten AG in den Mittelstand wechseln.

* Namen geändert

Romano Guardini, der 1960 einen Lehrstuhl für Philosophie und Theologie an der Universität München innehatte, beschrieb folgendes Lebensphasen- und Krisen-Modell, das viel über die Werte der jeweiligen Phase aussagt:

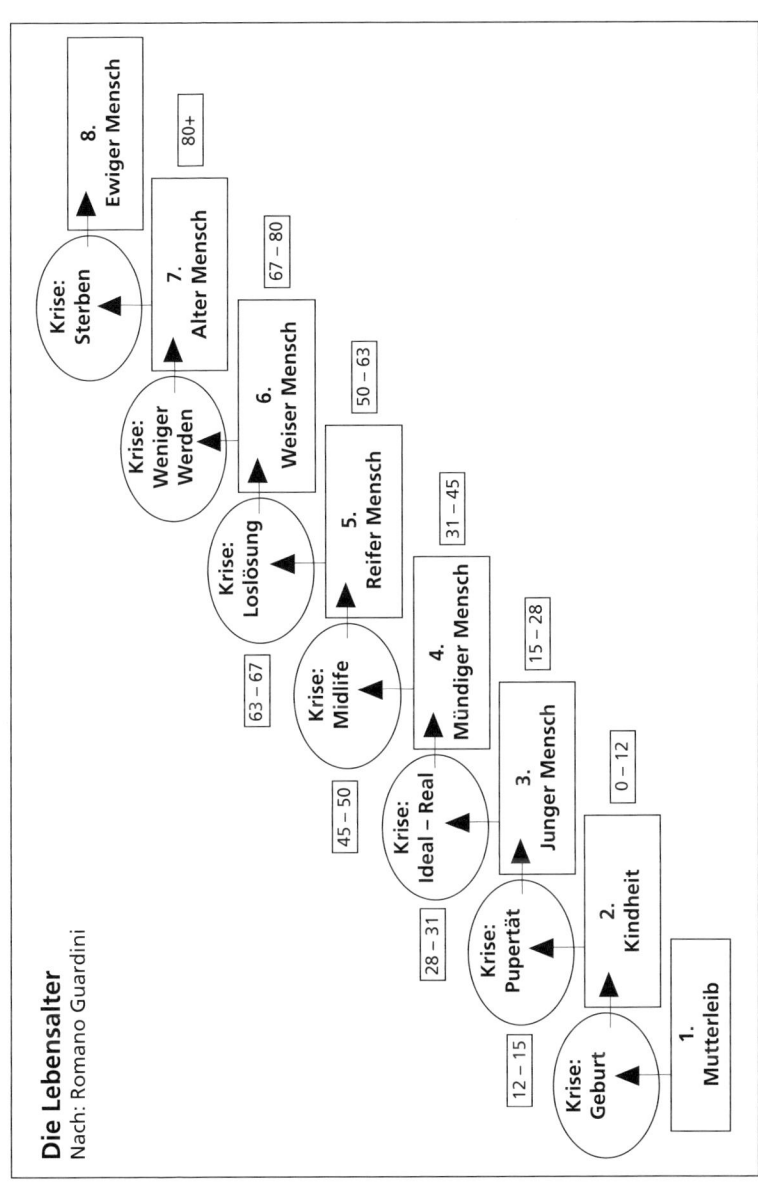

Die Lebensalter
Nach: Romano Guardini

1. Mutterleib

Krise: Geburt — 12 – 15

2. Kindheit — 0 – 12

Krise: Pupertät — 28 – 31

3. Junger Mensch — 15 – 28

Krise: Ideal – Real — 45 – 50

4. Mündiger Mensch — 31 – 45

Krise: Midlife — 63 – 67

5. Reifer Mensch — 50 – 63

Krise: Loslösung

6. Weiser Mensch — 67 – 80

Krise: Weniger Werden

7. Alter Mensch — 80+

Krise: Sterben

8. Ewiger Mensch

Aus: Romano Guardini: „Die Lebensalter", überarbeitet von Paul Ch. Don-
ders in seinem Buch „Authentische Führung" (Gerth Medien 2006).
Abdruck mit freundlicher Genehmigung von Paul Ch. Donders.

Das Kind

Das Kind entdeckt die Welt bis zur Pubertät und erlebt dann die Krise, die es in die Selbständigkeit hineinführen soll. Wie in jeder Krise ist es möglich, diese zu ignorieren (mit 42 wohnt Sohn noch im „Hotel Mama", lässt sich die Wäsche waschen und das Essen auftischen) oder zu resignieren (leider kenne ich einige Teenager, die im Alter von 17 Jahren vor dem Leben kapituliert haben und zu keiner weiteren Leistung fähig sind). Es ist die Absicht, die Krise zu meistern und als junger Mensch die Spannung zwischen Abhängigkeit und Unabhängigkeit auszuhalten.

Der junge Mensch

Der junge Mensch strebt häufig an, die Welt zu verändern. Guardini beschreibt die Krise Idealismus/Realität zwischen 28 und 31. Es ist möglich, an dieser Stelle aufzugeben und konformistisch zu werden. Alter ist nicht nur ein biologisches Datum, sondern auch ein mentale Gegebenheit. Wer mit Anfang 30 resigniert („Nun erkenne ich die Lebensrealität. Ich habe gerade eine Familie gegründet und muss die Hypothek für mein Haus zurückzahlen. Da bleibt kein Raum für meine früheren Ideale …"), ist alt.

In Carmel, Kalifornien, begegnete mir ein Tankwart, der die Krise ignoriert hat: der ewige Idealist. Er hatte mit 55 einen grauen Schopf, während aus einem tragbaren Radio New-Age Musik tönte. Er war Freak geblieben. Forever.

Der mündige Mensch

Der mündige Mensch verfügt über den größten Schaffensdrang. Lebenserfahrung, persönliche Reife sowie körperliche Höchstleistungen kommen zusammen. Allerdings steuert dieser auf die Midlife-Crisis zu. Er wird vielleicht von Jüngeren links und rechts überholt. Die Leistungsfähigkeit nimmt ab, und die Sterblichkeit (das erste graue Haar, die ersten Falten, eine Lesebrille) macht sich bemerkbar. Auch hier besteht die Möglichkeit zu resignieren (häufig in Bitterkeit, Ironie und Zynismus ausgedrückt) oder zu ignorieren (der Geschäftsführer lässt sich scheiden, kauft ein Cabrio, heiratet seine Sekretärin und macht gemeinsam mit ihr einen Tauchkurs auf den Malediven. Die Gattin des Bankdirektors kann sich eine Schönheits-OP leisten und sieht im Extremfall mit 63 aus wie 36!). Natürlich kann die Krise gut bewältigt werden, und man erreicht die nächste Phase als „reifer Mensch".

Werte ändern sich

In Laufe der Zeit verschieben sich die Werte. Die erste Lebenshälfte ist häufig vom Wunsch nach materiellem Erfolg geprägt, die zweite Lebenshälfte „von dem, was bleibt".

Mihaly Csikszentmihalyi, der Glücksforscher, bestätigt in seinem Buch „Flow im Beruf – Das Geheimnis des Glücks am Arbeitsplatz" (Klett-Cotta, 2. Aufl. 2004), dass Mitarbeiter sich in hohem Maß mit solchen Unternehmen identifizieren, die ihren Werten entsprechen. Das Phänomen der inneren Kündigung gibt es nicht, die Leistungen sind hervorragend.

Paul Donders hat in seinem Buch „Kreative Lebensplanung" einen Workshop entwickelt, mit dem man für sich selbst die Kernwerte bestimmen kann:

Wofür will ich bekannt sein?	Was will ich realisiert haben?	Wem will ich gedient haben?

5 Kernsätze		
■		
■		
■		
■		
■		

Aus: Paul Ch. Donders „Kreative Lebensplanung" (Gerth Medien 2005). Abdruck mit freundlicher Genehmigung von Paul Ch. Donders.

5. Wie denke, lerne, kommuniziere ich?

Eine weitere Hilfestellung zur Bestandsaufnahme der eigenen Person besteht darin festzustellen, wie man denkt. Das ist nicht mit einem IQ-Test zu verwechseln. Vielmehr haben Forscher wie J.P. Guilford und später Mary und Robert Meeker festgestellt, dass jeder Mensch anders denkt.

Manche erfassen Informationen vor allem verbal, z.B. aus Büchern. Meine Frau hingegen lernt am besten, wenn jemand ihr vormacht, wie man eine Aufgabe löst. Andere denken symbolisch oder bildlich; sie bevorzugen Statistiken oder Kurz-Präsentationen. Es ist hilfreich, wenn man sich einzuschätzen weiß. Wenn man es partout nicht mag, E-Mails zu verfassen, soll man sich nicht für ein Unternehmen entscheiden, in dem lediglich digital kommuniziert wird.

Manche Leute verfügen über eine sehr konvergente Denkstruktur und sind somit hervorragende Problemlöser. Sie fassen die Fakten zusammen und bringen sie auf den Punkt. Diese Denkart wird sehr durch Computerspiele, Multiple-Choice-Verfahren sowie Aufgabenstellungen mit einer Lösung gefördert.

Andere, manchmal die „älteren Jahrgänge", denken divergent. Sie sammeln Information nicht, sondern gehen von einem Punkt aus und entwickeln dazu kreative Gedanken.

Die Denkarten auf einen Blick		
Informations-aufnahme	Informations-verarbeitung	Informations-ausgabe
semantisch	Auffassungsgabe	Einheiten
symbolisch	Gedächtnis	Klassen
bildlich	Bewertung	Zusammenhänge
	konvergente Produktion	Systeme
	divergente Produktion	Transformationen
		Implikationen

Abdruck mit freundlicher Genehmigung von Lead Me Up (LEAD).

6. Angelernte Fähigkeiten

Zusätzlich zu den angeborenen Fähigkeiten (siehe 3.) ist es ebenso sinnvoll, eine Bestandsaufnahme der angelernten Fähigkeiten vorzunehmen – vorausgesetzt, sie machen Spaß! Kritiker der an den Fähigkeiten orientierten Vorgehensweise verweisen darauf, dass viele Mütter hervorragend Windeln wechseln können, darin aber noch keine Lebensberufung sehen. So verhält es sich auch mit Excel und der englischen Sprache: Nur wenn die Ausübung Spaß macht, sollen diese in das „Gepäck" (was habe ich der Welt zu bieten ...?) einfließen.

7. Verantwortungsbereitschaft

Als mir mit 29 Jahren die Verantwortung für den logistischen Aufbau einer Verteilerzentrale in Luxemburg und damit eine Personalverantwortung für 45 Mitarbeiter angeboten wurde, zögerte ich. Ich suchte das Gespräch mit meinem direkten Vorgesetzen, dem Geschäftsführer:

„Herr Michael*, Sie kennen mich. Wie ist Ihre Einschätzung? Sind Sie der Meinung, dass ich einen guten Job machen werde?"

Seine Antwort war interessant und hat – aus meiner Sicht – auch nach 20 Jahren nicht an Relevanz eingebüßt:

„Wissen Sie, Herr Zeylmans, die Frage stellt sich nicht, ob Sie das hinbekommen. Sie müssen sich vielmehr fragen, ob Sie diese hierarchische Stellung übernehmen wollen. Je mehr Sie in der Organisationsstruktur aufsteigen, umso mehr bedeutet dies einen Verzicht auf Ihr Privatleben. Internationale Gäste kommen am Sonntag an und wollen am Flughafen abgeholt werden. Wenn das Budget erstellt werden muss, kann ein Wochenende draufgehen. Abends stehen Sie dem Unternehmen für wichtige Kunden zur Verfügung ...

Der Anspruch des Unternehmens an Sie wird sich ändern. Sind Sie dazu bereit?"

Fragen auch Sie sich: Welche Verantwortung sind Sie bereit zu übernehmen?

8. Zeit, die ich zu investieren bereit bin

Der vorherige Punkt bezieht sich auf die Erwartungshaltung des Unternehmens. Ab einer gewissen Funktion wird Verfügbarkeit vorausgesetzt. In meiner letzten Funktion im Angestelltenverhältnis berichtete ich an einen Vice President. Es war selbstverständlich, dass eine Person in dieser Position abends und am Wochenende telefonisch erreichbar war. Geschweige, dass sie jederzeit ihre E-Mails anschaute. Der Anspruch an die Verfügbarkeit war für diese Funktion eine Normalität – auch wenn die Zeit effektiv nicht in Anspruch genommen wurde.

Es gibt viele Funktionen, für die eine 50-, 60- oder 70-Stunden-Woche nichts Außergewöhnliches sind. Es stellt sich nur die Frage, ob man dazu bereit ist, wenn ja, unter welchen Bedingungen und für welchen Zeitraum.

9. Umzugs- und Reisebereitschaft

Umfragen haben ergeben, dass 65 Prozent der Arbeitsuchenden nicht bereit sind umzuziehen. Das kann mit einer familiären Situation zusammenhängen, mit dem sozialen Umfeld oder anderen persönlichen Vorlieben.

Allerdings verlangen viele Stellen Umzugsbereitschaft.

> Der Einkaufsspezialist rief mich an:
>
> „Herr Zeylmans, ich habe einen Sohn, der in zwei Monaten seinen ersten Geburtstag feiert. Ich verbringe aber drei Wochen pro Monat in China. Ich arbeite für einen großen Automobilzulieferer. Ich brauche eine Lösung …"

Es ist wichtig, dass Sie sich bei einer Initiativbewerbung bereits im Vorfeld über Ihre Reisebereitschaft Gedanken machen. Sie müssen wissen, wie flexibel Sie sind und wie viel Sie bereit sind zu investieren.

10. Regionale Präferenzen

Eine Veränderungssituation bietet immer die Möglichkeit, persönliche Wünsche zu berücksichtigen. Vielleicht wollten Sie schon immer in Süddeutschland arbeiten? Oder zurück an die Ostsee? Vielleicht ist das die Gelegenheit, eine Anstellung in der Schweiz zu finden? Oder Ihre Englischkenntnisse in Großbritannien aufzubessern? Sie sollten sehr wohl wissen, was Ihnen in puncto Region, Landstrich, Ausland wichtig ist. Apropos Ausland: Darüber werden wir uns noch ausführlich im Kapitel 4 unterhalten.

11. Profil meines Zielunternehmens

Ich kenne viele Personen, die mit übertragbaren Fähigkeiten (z.B. Controlling, Logistik) die Branche gewechselt haben. Vielfach war die Überraschung groß. Dass sich hinter Produktnummer 4711 nicht länger ein Parfum, sondern ein Stethoskop versteckte, war bekannt; nicht aber, dass die Branche einen Einfluss auf die gesamte Arbeit, die Kultur und das persönliche Wohlbefinden hat.

Umso wichtiger ist es, darüber nachzudenken und zu wissen, welche Voraussetzungen mein künftiger Arbeitgeber erfüllen sollte.

Das Unternehmensprofil bewerten

Inhaberstruktur

- An der Börse notiert
  Konzerne, die an der Börse notiert sind, verfügen über eine gewisse Dynamik. Kriterien sind Börsenwert, Firmenübernahmen, vielfache Änderungen.
  Dieses geht häufig einher mit modernster Technik, der Verfügbarkeit von Ressourcen (PR-, Rechts- sowie professionellen HR-Abteilungen) sowie einem Belohnungssystem, das andere Gesellschaftsformen kaum bieten können.
  Ist das Ihre Welt?

- Mittelstand
  Die Grenzen sind zwar fließend, doch selbstverständlich gibt es Unterschiede zwischen dem 30-, 300- oder 3000-Mann-Unternehmen. Häufig bietet der Mittelstand mehr Gestaltungsspielraum und auch

---

die Möglichkeit, früh Verantwortung zu übernehmen. Formale Kriterien wie die Ausbildung rücken mehr in den Hintergrund; dafür treten persönliche Merkmale als Erfolgsfaktor in den Vordergrund. Vielleicht fühlen Sie sich hier wohl?

- Vom Inhaber geführt
  Unternehmen, die vom Inhaber geführt sind, weisen eine eigene Dynamik auf. Der Chef entscheidet letztendlich – und es ist auch sein Geld. Wer will da noch etwas sagen?
  Oft spielen Fürsorge und eine auf Langfristigkeit ausgelegte Strategie eine wichtige Rolle. Der Inhaber ist vielleicht bereit, ein Verlustjahr zu verkraften, ohne gleich die Struktur anzupassen. Zuneigung oder Abneigung zum Inhaber kann eine Karriere beeinflussen. Ihre Wahl?

Nationalität

Je höher Sie in der Firmenhierarchie aufsteigen, desto bedeutender werden die Unternehmensnationalität und die Kultur. Deutsche Firmen weisen eine andere Prägung auf als amerikanische. Über deren Leistungsorientierung, die scheinbare Nähe zueinander sowie das „The Sky is the Limit" wurden bereits viele Bücher geschrieben. In einem französischen Unternehmen sind Präsentationen immer eine Art Selbstdarstellung – und das wird auch gefordert! Listen Sie Präferenzen auf, seien Sie aber nicht so naiv zu glauben, dass es keine Bedeutung hat, wo das Unternehmen seinen Hauptsitz hat (vor allem nicht, wenn Sie in eine bedeutende Führungsposition wechseln, die einen häufigen Austausch mit der Muttergesellschaft mit sich bringt).

Branche

Die Branche darf in keinem Fall ignoriert werden! Ein Branchenwechsel hat Vor- und Nachteile.
Sie schauen in Ihrem Fachgebiet über den Tellerrand hinaus und beweisen einerseits, dass Sie auch in (bis dahin) fremden Branchen Erfolge erzielen können. Andererseits sammeln sich die Jahre, die Sie in einer Branche verbracht haben, als Guthaben auf Ihrem Konto – vorausgesetzt, Sie haben sich entwickelt, finden hier weiterhin eine Beschäftigung und sind glücklich.
Seien Sie aber nicht blauäugig. Wer bisher seine Brötchen mit *Luxury Goods* verdient hat, wird in der margenschwachen *Food-Industry* nicht unbedingt zufrieden sein –, auch wenn sich der Arbeitsbereich an sich nicht ändert …

noch: Das Unternehmensprofil bewerten

Größe des Unternehmens (oder der Niederlassung)

Es ist ein Unterschied, ob Sie mit 35, 350 oder 3500 Kollegen an einem Standort zusammenarbeiten. 35 ist ein Team. 350 Mitarbeiter kann man noch gerade zuordnen. Bei 3500 Kollegen besteht keine Chance, einen Bezug zu ihnen aufzubauen. Nicht umsonst entscheiden sich manche Unternehmen (z.B. GORE), die Einheiten nicht über 350 Angestellte hinaus wachsen zu lassen. Was ist Ihre optimale Größe? Dabei ist es weniger entscheidend, wie viele Mitarbeiter das Unternehmen weltweit zählt. Wichtig ist, wie viele Personen vor Ort sind.

12. Gehalt: Wie viel will ich verdienen?

Der letzte Punkt ist die Gehaltsfrage. Logischerweise kann sie nicht von der Beantwortung der anderen Fragen losgelöst werden: Wer nicht umziehen, reisen und viel Verantwortung übernehmen möchte, kann kaum ein sechsstelliges Gehalt erwarten.

Für meine Seminare habe ich folgende Übersicht entwickelt, die alle Aspekte aus dem zweiten Kapitel nochmals zusammenfasst. Lassen Sie sich vom begrenzten Platz für die Beantwortung der Fragen nicht irritieren, sondern verwenden Sie einfach Zusatzblätter. Die umgekehrte Bewerbungsstrategie fängt damit an, dass Sie wissen, wer Sie sind, was Sie zu bieten haben und in welchem Umfeld Sie Ihre Dienstleistung erbringen möchten.

Checkliste: Bestandsaufnahme der eignen Person

Innere Motivation (DISG)	Optimales Umfeld (DISG)	Angeborene Fähigkeiten (Material./Menschen/Info)
•	•	•
•	•	•
•	•	•
		Angelernte Fähigkeiten (Lehre/Studium/Sprache/EDV)
•	•	•
•	•	•
•	•	•

Normen/Werte (Wofür will ich bekannt sein?)	Denkstrukturen (SOI)	Zielunternehmen
•	•	O An der Börse notiert
		O Mittelstand
•	•	O Vom Inhaber geführt
•	•	O Nationalität
•	•	O Branche
•	•	O Größe
•	•	

Regionale Präferenzen	Verantwortung, die ich übernehmen will	Reisebereitschaft
•	O Sachbearbeiter	O < 4 Mal pro Jahr
•	O Team-Leiter	O 4-8 Mal pro Jahr
	O Abteilungsleiter	O 8-12 Mal pro Jahr
•	O Bereichsleiter	O > 12 Mal pro Jahr
	O Geschäftsführer/Vorstand	
Umzugsbereitschaft	**Zeit, die ich investieren will**	**Zielgehalt**
	O 35-40 Std. pro Woche	
O ja	O 40-45 Std. pro Woche	
	O 45-50 Std. pro Woche	
O nein	O 50-60 Std. pro Woche	
	O > 60 Std. pro Woche	

Abdruck mit freundlicher Genehmigung von xpand.

Vorteilhaft positionieren – alles ausloten

3

1. Persönlichkeit und Lebenslauf

Im zweiten Kapitel ging es um die Bestandsaufnahme, Ihre persönlichen Fähigkeiten, Vorlieben und Qualitäten. Dabei haben wir Ihren Lebenslauf noch außer Betracht gelassen. Nun wollen wir Persönlichkeit und beruflichen Werdegang zusammenführen.

Es ist klar: Wenn Sie am Anfang Ihrer Karriere stehen, können Sie sich – aufbauend auf Ihrer Ausbildung – von Ihren Vorlieben leiten lassen. Je länger Sie im Berufsleben stehen, desto mehr wird Ihre Berufserfahrung Ihre weiteren Entscheidungen prägen.

Grundsätzlich ist es immer möglich umzusteigen. Ich kenne Personen, die mit 40 eine Umschulung zum Bilanzbuchhalter vorgenommen haben. Für sie ist es nicht einfach, eine Anstellung zu bekommen; sie konkurrieren mit Personen, die 20 Jahre jünger sind und können gleichermaßen keine Berufserfahrung in diesem Bereich vorweisen.

Daher stellt sich immer die Frage, wie man seine Erfahrungen für die nächste berufliche Station optimal nutzt. Je mehr man von seinen Kenntnissen Gebrauch machen kann, desto höher steigt der Marktwert. Das bedeutet nicht, dass Sie nicht die Branche wechseln dürfen. Sie können auch aus dem Funktionsgebiet Marketing in den Sales-Bereich umsteigen, und werden zum Generalisten. Es empfiehlt und lohnt sich dann aber, als nächste Stufe den Director Sales & Marketing anzustreben.

Wichtig: Trotz Branchen- oder Funktionswechsel sollten Sie immer darauf achten, in Ihrem Lebenslauf einem gewissen „roten Faden" zu folgen und diese Geradlinigkeit auch entsprechend kommunizieren zu können.

Beispiel:

Die Spielräume sind in vielen Fällen größer als erwartet. Angenommen, Sie haben eine Banklehre absolviert, anschließend BWL studiert und dann eine Funktion als Sachbearbeiter in der Kreditabteilung übernommen. Nun wird die nächste Entscheidung fällig. Noch sind Sie von der Ausbildung, dem Studium und der ersten beruflichen Station geprägt. Durchaus aber ist es nun an der Zeit, dass Sie die Bestandsaufnahme aus dem zweiten Kapitel vornehmen.

Sind Sie gemäß DISG®-Profil vielleicht D-I (Dominant-Initiativ) und liegen Ihre angeborenen Fähigkeiten schwerpunktmäßig im Umgang mit Menschen? Dann ist es naheliegend, möglicherweise eine Teamleiter-Funktion im Kreditmanagement anzustreben.

Weist Ihr DISG®-Profil Schwerpunkte bei S-G (Stetig-Gewissenhaft) auf und liegen Ihre angeborenen Fähigkeiten sowohl im Umgang mit Menschen als auch in der Verarbeitung von Informationen? Wenn Sie konkreter Ihre Talente im Strukturieren, Erstellen von Konzepten, Beraten, Helfen oder Nachempfinden sehen, könnte Kundenberater Ihre ideale nächste berufliche Station sein.

Mit ausgeprägtem „I" (Initiativ) im DISG®-Profil wären Sie vielleicht als interner Trainer in der Bank (oder beim Wettbewerber) gut aufgehoben. Mit einem ausgeprägten „G" (Gewissenhaft) fühlen Sie sich möglicherweise im Bereich Controlling zu Hause.

Nun mögen Sie sagen, dass ich den Prozess der Neuorientierung zu einfach darstelle. Zwar könne man sich vieles wünschen, aber ist das auch realistisch? Sollte man letztendlich nicht vom Marktbedarf ausgehen? Ja und Nein!

Wichtig: Wer nicht zuerst definiert, wie er sein Leben optimal gestalten möchte, läuft Gefahr, dass andere Entscheidungen für ihn treffen.

Solche Menschen leben nicht, sondern werden gelebt. Ich treffe viele Menschen, die in der Lebensmitte feststellen, dass die Puzzlestückchen, die sich aus dem zufälligen Werdegang ergeben haben, schwer zusammenpassen.

Träumen und Wünsche definieren bewirken eine selektive Wahrnehmung für Marktchancen. Erst dann sind Sie in der Lage, fundiert Möglichkeiten abzulehnen oder auch Optionen zu verfolgen. Wenn sich 65 Prozent der Vakanzen auf dem verdeckten Arbeitsmarkt befinden, ist die Idee nicht so abwegig, dass Sie diese geradezu „anziehen", indem Sie Ihr Profil definieren. Das ist wie mit einem Magneten. Sie bestimmen Ihre Positionierung auf dem verdeckten Arbeitsmarkt und die offenen Stellen „richten sich nach Ihnen aus" wie eine Kompassnadel. Sie müssen aber zuerst Farbe bekennen (Ihr Profil bestimmen und eine Positionierung vornehmen), bevor Sie Ihren eigenen Arbeitsmarkt kreieren können.

Bildlich stellt sich die Vorgehensweise folgendermaßen dar:

Neu-Interpretation von Lebenslauf und Positionierung

Ich	Lebenslauf
Bestandsaufnahme	Stationen

Statt „Diplom-Kaufmann":

- Financial Coach (Bank, Menschen helfen ...)
- Controller (Information, analytisch-konzeptionell)
- Finanzleiter (Menschen, Information, Führungs-kraft)
- Buchhalter (Stetig/Gewissenhaft)
- Trainer (SAP-Implementierung, Initiativ, Menschen)

Wichtig: Legen Sie sich nicht als „Dipl.-Kfm." fest, sondern halten Sie Ausschau nach den verschiedenen Optionen –, die beispielsweise zu Ihrem Hintergrund im Bereich finanzielle Dienstleistungen passen.

Beispiel:

Eine Krankengymnastin mit Teamverantwortung (44 Mitarbeiter) wollte wechseln. Sie hat folgende Optionen:

- Wechsel in eine Stelle mit größerer Personalverantwortung (70 Mitarbeiter)
  Konsequenz: Der Arbeitsbereich verlagert sich vom operativen Geschäft in die Organisation, Planung und Strategie. Sehr viel Kontakt mit Menschen. Gutes Gehalt. Schweizer Metropole.

- Wechsel in eine private Praxis
  Konsequenz: keine Teamleitung, Fokussierung auf ein bestimmtes Kundensegment. Dadurch die Möglichkeit, spezielle Behandlungsmethoden häufiger einzusetzen.

- Wechsel in den Bereich Ausbildung
  Konsequenz: Völlig weg vom operativen Geschäft.

- Betreuung von Kunden im Wellness-Bereich (z.b. Hotel)

- Übernahme einer Stelle als Mitarbeiterin im Verkauf bei einem Krankenhausausstatter
  Konsequenz: Kontakte zu Ärzten und Einkaufsleitern, Notwendigkeit zu überzeugen und Ergebnisse zu erzielen.

- Produkterläuterungen an individuelle Patienten zu Hause
  Konsequenz: Sehr selbständige Tätigkeit.

Diese Angebote lagen zum Teil vor, andere Optionen hätte sie sich initiativ erarbeiten müssen. Aufgrund ihrer Persönlichkeitsstruktur entschied sich die Krankengymnastin gegen das gute Gehalt in der Schweiz und für die Stelle in der privaten Praxis. Sie wollte weiterhin operativ tätig sein, sich weiterbilden und spezialisieren. Außerdem war sie von Personalverantwortung nicht so begeistert, da sie mehrere schwierige Situationen erlebt hatte.

Wie Sie sehen, setzen weder das Alter noch eine langjährige Tätigkeit in einem Berufsfeld Grenzen. Hauptsache, Sie machen Ihre Hausaufgaben aus dem zweiten Kapitel und denken kreativ (am besten mit einer anderen Person oder gar einem Job-Coach) über die Möglichkeiten nach.

2. Schritt für Schritt zur optimalen Positionierung

Eine gute Hilfestellung, die optimale oder gar verschiedene Möglichkeiten der Positionierung herauszufinden, bietet die nachfolgende Arbeits- und Orientierungshilfe.

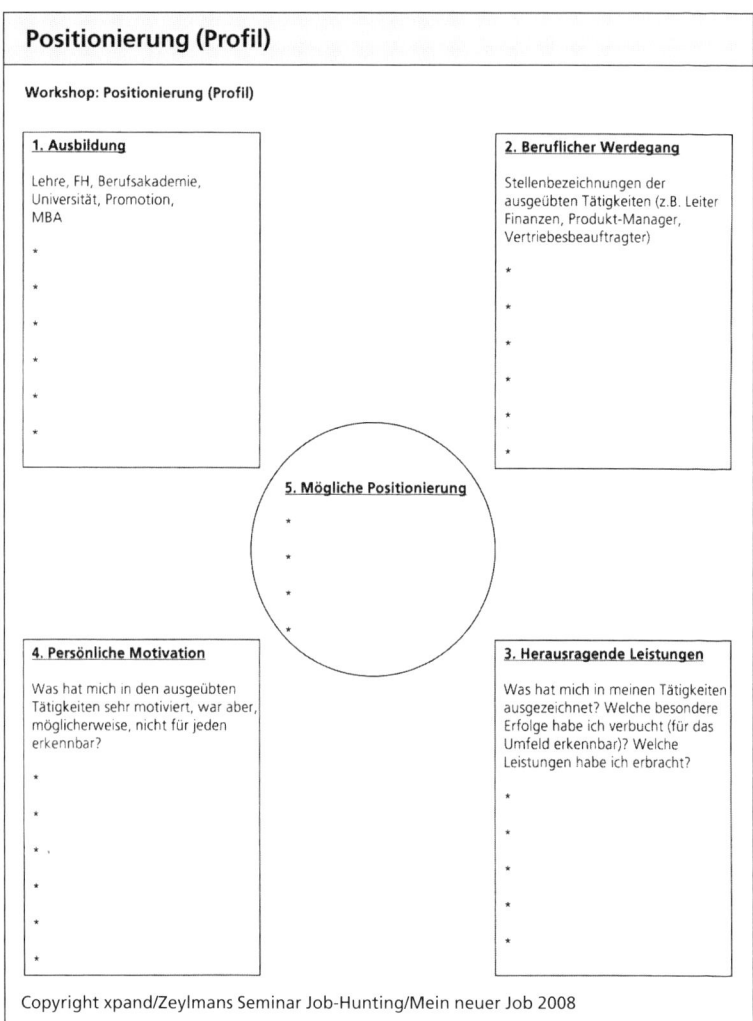

Zu 1. Ausbildung

Diese Angaben dürften Ihnen nicht schwerfallen. Ist ein roter Faden erkennbar oder sollten Sie sich an dieser Stelle schon Gedanken machen, wie die einzelnen Mosaiksteinchen zusammenpassen?

Zu 2. Beruflicher Werdegang

Sie führen zunächst einfach die Stellen auf, die Sie innehatten. Wenn der Zusammenhang erklärungsbedürftig ist, überlegen Sie, welche Kenntnisse aus jedem beruflichen Abschnitt verwertbar sind.

Möglicherweise haben Sie gelernt:

- zu organisieren

- zu verkaufen

- selbständig zu arbeiten

- auf die Bedürfnisse von Kunden einzugehen

- Durchsetzungsvermögen zu zeigen

Zu 3. Herausragende Leistungen

Führen Sie auf, wofür Sie bekannt waren und was Ihnen besonders gut gelungen ist. Möglicherweise hat das auf den ersten Blick wenig mit der Stellenbezeichnung zu tun. Einige Beispiele:

- Als Lagerleiter haben Sie aufgrund Ihrer menschlichen und gerechten Vorgehensweise eine hohe Leistung bewirkt, weil Sie den Krankenstand nach Ihrem Eintritt nachweisbar verringert haben und für ein überzeugendes Betriebsklima gesorgt haben.

- Als Callcenter-Leiter waren Sie für Ihre Kreativität bekannt. Sie haben auf den wechselnden Personaleinsatz mit neuen Zeitmodellen geantwortet. Ihre Konzepte wurden vom Betriebsrat gut aufgenommen.

- Sie waren aufgrund Ihrer kommunikativen Fähigkeiten der erste Qualitätsmanager, der intern nicht als „Feind", sondern als Unterstützer gesehen wurde. Deshalb wurde Qualität nicht nur dokumentiert, sondern auch „gelebt".

- Als Produktmanager haben Sie Produktpräsentationen immer sehr geliebt. Sie haben sich persönlich um die Rahmenbedingungen gekümmert, die sich in den Bereich „Eventmanagement" hineinbewegten. Sie waren in der Lage, Ihre Zuhörer zu begeistern.

- Unter Ihrer Ägide als Niederlassungsleiter ist die Kundenzufriedenheit sprunghaft angestiegen (dokumentiert durch die jährliche Standardbefragung während drei aufeinanderfolgender Jahre). Das lässt sich auf Ihre Begeisterung für Kunden zurückführen. Schwierige Kunden gab es für Sie nicht, und Reklamationen waren für Sie stets eine Gelegenheit, Kunden noch enger an das Unternehmen zu binden.

Zu 4. Persönliche Motivation

Vielleicht hat Ihr Herz für solche Aspekte Ihrer Tätigkeit geschlagen, die nicht für jeden erkennbar waren. In Ihrer nächsten Funktion möchten Sie sich mit diesen Themen intensiver befassen.

- Sie waren froh, die Vielzahl der Informationen selbst in einer Excel-Tabelle zusammenzufassen. Diese haben Sie perfektioniert und mit Makros versehen. Sie haben die Funktionalität Ihrem Team erläutert, das dieses Tool dankbar aufgegriffen hat. Seitdem funktioniert die Arbeit in Ihrem Team noch besser. Sie hätten Spaß daran, in einer nächsten Funktion mehr am Computer zu entwickeln und Prozesse zu optimieren.

- Sie haben mit Ihren sieben direkten Mitarbeitern vier Mal im Jahr Mitarbeitergespräche geführt. Es hat Ihnen sehr viel Spaß gemacht, mit Ihren Direct-Reports Ziele zu vereinbaren, Fortschritte festzustellen und Wertschätzung zum Ausdruck bringen zu können. Außerdem hatten Sie ein exzellentes Auge für das Potential Ihrer Mitarbeiter und wie dieses weiterentwickelt werden könnte. Sie liebäugeln mit einem Wechsel in den Bereich Personalentwicklung oder Leadership-Training.

- In der Produktentwicklung haben Sie immer gern Seiten in PowerPoint erstellt. Die Präsentationen ermöglichten es Ihnen, aus der Introvertiertheit der Forschung auszubrechen. Sie könnten sich – aufgrund Ihrer exzellenten Produktkenntnisse – vorstellen, in den Sales-Bereich zu wechseln.

- Als Teamleiter verfügen Sie zwar nicht über eine große Anzahl von Mitarbeitern; Sie sind aber sehr dankbar, dass Sie sich nun weniger um die Details kümmern müssen. Dafür investieren Sie mehr Zeit in die Entwicklung einer Vision für Ihr Team, die Erarbeitung von Zielsetzungen sowie in die Strategie, wie die Ziele erreicht werden können. Dabei verlieren Sie Ihre Mitarbeiter nicht aus den Augen. Es ist daher für Sie naheliegend, weniger operativ, sondern mehr strategisch-visionär zu arbeiten.

- In Ihrer Tätigkeit sind Sie einmal pro Woche in die Hauptstelle gefahren. Sie haben es genossen, dass Sie nicht so festgelegt waren. Außerdem arbeiten Sie aufgrund Ihres Biorhythmus lieber abends als morgens. Sie würden gern über mehr Flexibilität und Gestaltungsfreiheit verfügen. Sie denken darüber nach, ob ein Home-Office für Sie vielleicht ideal wäre …

3. Ihr Positionierungsprofil

Die vorhergehenden Beispiele haben Ihnen gezeigt, was mit „Positionierung" in den vier relevanten Bereichen Ausbildung, beruflicher Werdegang, herausragende Leistungen und persönliche Motivation gemeint ist. Erstellen Sie nun Ihr eigenes Positionierungsprofil.

Notieren Sie, was Ihnen zu sich und den vier Bereichen einfällt. Nutzen Sie auch die Gelegenheit, mit anderen darüber zu sprechen. Daraus ergeben sich möglicherweise weitere Perspektiven, die Sie zunächst nicht in Betracht gezogen hätten. Halten Sie das Ergebnis Ihres Positionierungsprofils fest:

- Was können Sie?

- Was sind Ihre echten Stärken?

- Was wollen Sie für sich erreichen?

- Wodurch zeichnet sich Ihr ideales berufliches Umfeld aus?

- Wo sind Ihre Grenzen?

Sobald Sie sich darüber klar sind, sind Sie in der Lage, eine aussagekräftige Bewerbung zu formulieren.

Die Bewerbungsunterlagen erfolgreich gestalten

4

Eine erfolgreiche Bewerbung ist mehr als die Summe der einzelnen Bewerbungsbausteine – sie ist Ihr „Meisterstück", das in ihrer Ganzheitlichkeit wirkt und Ihnen den Zugang zum Vorstellungsgespräch verschaffen soll.

Wer sich auf dem verdeckten Arbeitsmarkt bewirbt, hat bei der Erstellung der Unterlagen erhebliche Vorteile. Eine Bewerbung auf eine ausgeschriebene Stelle nimmt mindestens zwei bis drei Stunden in Anspruch. Sie versuchen zu erfassen, welche Leistungsnachweise das Unternehmen sucht. Sie gestalten ein individuelles Anschreiben. Möglicherweise passen Sie Ihren Lebenslauf an. Jede Bewerbung ist ein Einzelstück.

Nun möchte ich keineswegs suggerieren, dass Sie, um den verdeckten Arbeitsmarkt zu erschließen, ein Massenprodukt abliefern können. Das Anschreiben soll individuell gestaltet sein. Dennoch ist es realistisch – da Sie von sich selbst ausgehen und einen Markt erschließen, der zu Ihrer Person passt –, dass Sie erhebliche Teile der Unterlagen standardisieren können.

1. Eine Bewerbung kostet Zeit und Geld

Bevor Sie sich in den Bewerbungsprozess stürzen, sollten Sie sich für Qualität entscheiden, denn Sie wollen sich nicht bei jeder Bewerbung dieselben Fragen stellen. Anschließend kaufen Sie ein:

Ihre Einkaufsliste

- 50 Sondermarken, die Ihnen gefallen (sie verfallen nicht und sind auch sonst einsetzbar)

- 50 Versandkuverts – (auch diese werden Sie noch einsetzen können, wenn Sie bereits nach der ersten Bewerbung erfolgreich sind)

- 50 Bewerbungsbilder erstellen lassen („Pech", wenn Sie den neuen Job schnell ergattern, aber besser, als jeden zweiten Tag zum Fotografen zu laufen)

- eine Packung mit 250 Blatt 100g/qm weißes Papier

Wichtig: Sie wollen sich im Bewerbungsprozess nicht um die Logistik kümmern, sondern legen Vorräte an und haben dann Ihre Gedanken frei. Das ist erst einmal teuer, doch Sie investieren in Ihre Zukunft, und die Qualität spielt eine bedeutende Rolle. Entscheiden Sie sich für Qualität, das ist nicht gleichbedeutend mit teuer.

Dennoch sind 1.000 bis 2.000 Euro sehr schnell weg. Eine aktive Bewerbungsstrategie „kostet" Sie zudem etwa 35 Stunden in der Woche.

Wichtig: Sie sind nicht arbeitslos, sondern arbeitsuchend und werden feststellen, dass Ihre pro-aktive Vorgehensweise wirklich Zeit erfordert. Das ist gut, wenn Sie derzeit ohne Beschäftigung sind.

Ich betreue viele Personen, die den Bewerbungsprozess neben ihrer Arbeit gestalten müssen, und das ist mühsam. Wenn Sie (noch) voll in der Arbeit stehen, ist es eine große Leistung, wenn Sie eine bis zwei Bewerbungen pro Woche versenden. Logischerweise bedingen sich die Anzahl der Bewerbungen, die verschickt werden (oder die Anzahl der geknüpften Kontakte), und die Menge der Rückmeldungen. Ein Rechenbeispiel: Nehmen wir an, dass zehn Bewerbungen zu einem Vorstellungsgespräch führen. Dann rechne ich vorsichtig, dass fünf Vorstellungsgespräche in einen Vertragsentwurf münden. Nach dieser Kalkulation versenden Sie bereits 50 Bewerbungen, bevor Sie erfolgreich sind. Mit einer Bewerbung pro Woche wären Sie demnach über ein Jahr beschäftigt.

Natürlich ist der Bewerbungserfolg von Ihrer Qualifikation, der Branche, in der Sie tätig sind, der Funktion, die Sie anstreben, abhängig. Dennoch ist der obige Durchschnitt nicht realitätsfremd. Manche finden innerhalb einer Woche eine Anstellung: Ich betreute einmal eine nicht sehr überzeugende Klientin, die in der Woche nach unserem Beratungsgespräch eine neue Position als Underwriter bei einer führenden Bank erhielt. Ein anderer Bekannter, Regulatory Affairs Manager in der Pharmaindustrie, wird mehrmals pro Monat von Headhuntern angesprochen. Dafür tun sich andere umso schwerer und benötigen vielleicht hundert Bewerbungen und mehr, bevor sie die passende Stelle finden.

Nun sagen Sie vielleicht: „Meine Bewerbungen kosten gar kein Geld –, denn ich versende sie alle digital!" Wir werden dieses Thema noch ausführlich behandeln. Dennoch greife ich an dieser Stelle vor und vertrete die Meinung, dass eine digitale Bewerbung (E-Mail oder Online-Formular) nicht grundsätzlich „besser" ist als eine traditionelle Bewerbung, denn:

Wichtig: Der Mensch lässt sich nicht nur von Fakten, sondern auch von Emotionen leiten. Während der ersten Sekunden verschafft sich der Empfänger einen Eindruck von der Qualität Ihrer Bewerbung. Daraus zieht er Rückschlüsse auf Ihre Person und die Qualität Ihrer Arbeitsweise. Mit einer Papierbewerbung haben Sie alle Qualitätsaspekte in der Hand. Wenn Ihre digitale Bewerbung auf einem schlechten Drucker und minderwertigem Papier ausgedruckt wird, nützt das schönste eingescannte Farbbild nichts.

2. Infrastruktur und Equipment

Bevor Sie in „die Schlacht" ziehen, sollten Sie sich über Ihre Bewerbungsinfrastruktur Gedanken machen:

Computer
Computer mit Internetanschluss. Das ist eigentlich keine Frage, sondern eine Notwendigkeit. ■ Sie benötigen eine E-Mail-Adresse. Am besten verwenden Sie einen Account, für den Sie auch bezahlen. Zum einen erhält der Empfänger nicht mit der Nachricht auch die Provider-Werbung. Zum anderen haben Sie ausreichend Speicherplatz zur Verfügung. (Es würde keinen guten Eindruck machen, wenn Sie der Arbeitgeber zu einem Vorstellungsgespräch einladen möchte, Sie aber die Meldung „Inbox voll" versenden, weil Ihre fünf MB ausgeschöpft sind.) Wir leben im digitalen Zeitalter, und auch renommierte Headhunter, die vor wenigen Jahren noch ihre Nachrichten auf edlem Papier versandt, greifen jetzt zu dieser Art der Kommunikation! Achten Sie darauf, dass Ihre E-Mail-Adresse einen seriösen Eindruck macht. Ich erhielt bereits Nachrichten von Supertorti@provider.com und ähnlichen Adressen. Was für den Bekanntenkreis nett sein mag, vermittelt keinen Eindruck der Seriosität. Mit Vorname.Nachname @provider.de liegen Sie immer richtig. ■ Sie brauchen einen Zugriff auf Suchmaschinen, damit Sie Unternehmensinformationen gewinnen. ■ Sie werden initiativ Ihr Profil bei führenden Karriere-Portalen hinterlegen. ■ Sie können Firmenauskünfte von Unternehmen einholen, zu denen Sie eingeladen werden. ■ Sie benötigen den Computer für die Erstellung der Unterlagen.

Handy

Personalberater – aber auch interessierte Unternehmen – rufen bevorzugt mobil an.

- Nur noch wenige Unternehmen melden sich über die private Festnetz-Rufnummer. Der Aufwand ist zu groß, wenn man zunächst den dreijährigen Sohn dazu bewegen muss, den Hörer nicht wieder aufzulegen.

- Bitte geben Sie nicht die Firmenhandynummer bekannt. Ihr künftiger Arbeitgeber sieht gewiss nicht gern, dass Sie (wohl auch in Zukunft) Privates und Geschäftliches miteinander vermischen. Es überzeugt keineswegs, wenn der Headhunter nach der Firmenansage aufgefordert wird, eine Voicemail auf dem Firmenhandy zu hinterlassen. Viele werden von dieser Option keinen Gebrauch machen.

- Es kann nicht erwartet werden, dass Sie tagsüber kontinuierlich unter der privaten mobilen Rufnummer erreichbar sind. Achten Sie aber auf eine professionelle Ansage, und rufen Sie möglichst bald zurück.

Kombigerät (Drucker, Scanner, Fax)

Vielleicht ist nun der Zeitpunkt gekommen, dass Sie sich einen neuen Drucker zulegen. Laserdrucker werden mittlerweile für 60 bis 80 Euro angeboten und vermitteln einfach ein besseres Schriftbild. Auch wenn Sie Farben lieben, sollten Sie zugunsten Ihrer Kreativität keine Qualitätseinbußen in Kauf nehmen. Eingescannte Bewerbungsbilder selbst auszudrucken ist nicht akzeptabel.

Sie werden im Bewerbungsprozess in Situationen kommen, in denen es praktisch ist, wenn Sie auch auf einen Scanner oder ein Fax zurückgreifen können. Vielleicht wollen Sie das Announcement, mit dem Sie zum Bereichsleiter befördert wurden, weiterleiten. Oder Sie faxen schnell Ihre derzeitige Stellenbeschreibung. Es kann daher eine Überlegung wert sein, gleich ein Kombigerät zu erwerben.

3. Sie haben nur zwei Minuten

Wir haben bereits gesehen, dass sich ein Drittel der Unternehmen weniger als zwei Minuten Zeit nimmt für die Erstdurchsicht von Bewerbungsunterlagen. Frage: Wie können Sie in so kurzer Zeit mit Ihrer Bewerbung überzeugen?

Nur AIDA hilft hier weiter!

Aus meiner Zeit im Marketing weiß ich, dass es einen großen Feind gibt: den Papierkorb.

Selbst wenn der Kunde das Werbe-Mailing in die Hand nimmt, ist der Kampf um die Aufmerksamkeit noch keineswegs gewonnen. Zunächst gilt es, positive Emotionen auszulösen, die den Kunden dazu bewegen, das Kuvert überhaupt zu öffnen. Anschließend sollte er den Inhalt auch noch lesen. Und da lesen nicht reicht, müssen das Interesse angeregt und Wünsche hervorgerufen werden, um schlussendlich in einer Aktion, der Bestellung, zu resultieren.

Das Marketing spricht vom AIDA-Prozess
Attention/Aufmerksamkeit
Interest/Interesse
Desire/Wunsch
Action/Aktion
Auch Ihre Bewerbungsunterlagen sollten diese Anforderungen erfüllen.

Attention – Aufmerksamkeit (A)

Da sich Personalverantwortliche pro Jahr mit Dutzenden oder Hunderten Bewerbungen befassen, ist es dringend notwendig, Aufmerksamkeit zu erzielen und aus dem Wettbewerbsumfeld herauszuragen!

Ein Unternehmen wird sich in den ersten zwei Minuten nicht nur mit Ihren Qualifikationen beschäftigen. Daher müssen Sie auf ganzer Linie überzeugen. Sie sollten den Betrachter bereits mit Ihrem Versandkuvert positiv einstimmen.

Prüfen Sie: Welchen Eindruck vermittelt der Umschlag? Hektik? Lieblosigkeit? Gleichgültigkeit? Fehlerhaftigkeit? Oder Sorgfalt, Genauigkeit, Liebe zum Detail und zur Qualität? Wenn der potentielle Arbeitgeber das Kuvert öffnet, soll er seine guten Gefühle bestätigt finden, indem das Anschreiben hochwertig wirkt (vielleicht 100 g/qm Papier verwenden statt 80g/qm) und die Optik zum Lesen animiert. Die Bewerbungsmappe soll nicht abschrecken, sondern überzeugen. Durch das transparente Deckblatt soll ihn ein sympathisches Bild anlächeln (keine geschlossenen Mappen verwenden!!).

Es muss offensichtlich sein, dass die Unterlagen nicht mehrfach verwendet wurden. Davon zeugt allein schon die Tatsache, dass auf dem Deckblatt der Name des Unternehmens vermerkt ist.

Interest – Interesse (I)

In dieser Weise eingestimmt, ist der Personaler gerne bereit, sich mit dem Inhalt zu befassen. Der Eingangssatz im Anschreiben ist gut gelungen. Statt „Mit Interesse habe ich Ihre Anzeige gelesen ...", fängt der Bewerber mit einem auf das Unternehmen bezogenen Satz an.

Die Absätze sind übersichtlich, durch Leerzeilen getrennt. Der Personalleiter hat das Gefühl, dass er sich jedes Mal neu entscheiden kann, ob er weiterlesen möchte.

Der Aufbau des Anschreibens ist derart gut gelungen, dass der Gedanke, die Bewerbung zur Seite zu legen, gar nicht aufkommt.

Statt Positionen und Verantwortungen aufzulisten, berichtet das Anschreiben von Leistungen und Erfolgen. Der Bewerber macht klar, was ihn einzigartig macht. Das Interesse wird geweckt.

Desire – Wunsch (D)

Nun möchte das Unternehmen mehr über den Kandidaten erfahren. Der Lebenslauf wird zur Hand genommen. Klar und übersichtlich wird der Werdegang erläutert. Auf einen Blick ist deutlich, wann der Bewerber bei welchem Unternehmen in welcher Funktion beschäftigt war und worin die Hauptaufgaben bestanden.

Außerdem hat der Lebenslauf einen individuellen Schliff. Der Kandidat macht zu den einzelnen Unternehmen einige Zusatzangaben: Produkte und Dienstleistungen, Anzahl der Mitarbeiter und Umsatz, aussagefähige Kennzahlen für seinen Bereich sowie eine Internetadresse. Die Firma Günter Kraut GmbH in Echterdingen erwacht plötzlich zum Leben!

Vielleicht rundet eine „dritte Seite" das Profil ab. Beigefügte Zeugnisse bestätigen die vorherigen Aussagen. Der Bewerber weiß, worauf es ankommt, und punktet weiterhin durch Professionalität. Beim Unternehmen kommt der Wunsch auf, ihn kennenzulernen.

Action – Aktion (A)

Die Aktion kann nur darin bestehen, den Kandidaten zu einem Vorstellungsgespräch einzuladen. Es war nicht nur die Ausbildung, die überzeugt hat, und auch nicht der bisherige Erfolg, sondern die gesamte Bewerbung, die zur Einladung geführt hat. Der Bewerber hat es verstanden, die Entscheidungsträger Schritt für Schritt durch seine Unterlagen hindurchzuführen.

4. Rationalität und Emotionalität

In der Coaching-Praxis habe ich häufig mit Personen zu tun, die den gewünschten Erfolg lediglich den Hard Facts der Bewerbung zuordnen. Deshalb sehe ich es als notwendig an, das Thema Rationalität und Emotionalität zu vertiefen.

Der französische Psychologe Clotaire Rapaille hat die These aufgestellt, dass wir Kaufentscheidungen nicht mit dem Verstand treffen: „Shoppen ist eine zutiefst emotionale Angelegenheit."

Auf dem Bewerbermarkt verkaufen wir ebenfalls, und zwar uns selbst! Auch wenn die schlussendliche Entscheidung für eine Personaleinstellung weniger emotional getroffen wird, sind die Vorstufen mit einem „Einkaufserlebnis" zu vergleichen.

Es wurde sehr viel über die linke und rechte Gehirnhälfte geschrieben. Tatsache ist, dass wir immer sowohl die Fakten als auch die Emotionen wahrnehmen und uns davon lenken lassen. Die Automobilbranche hat schon längst erkannt, dass Design ein unbestrittenes Erfolgskriterium darstellt. Der VW-Konzern greift beispielsweise auf das gleiche Fahrgestell und identische Motoren zurück, erhebt aber bei gewissen Marken Premiumansprüche, die nicht nur mit der Verarbeitungsqualität gerechtfertigt werden. Die Emotion wird gezielt angesprochen, die Kauflust mit Fakten untermauert.

Wenn wir Personen das erste Mal begegnen, haben wir uns innerhalb von drei Sekunden festgelegt, ob uns dieser Mensch sympathisch ist oder nicht. In nur 20 Prozent der Fälle weichen wir von diesem ersten Eindruck ab und suchen im Umkehrschluss nach Bestätigungen, die unsere erste Wahrnehmung festigen. Wir wollen uns selbst gegenüber nicht eingestehen, dass wir mit unserer Meinung daneben liegen.

Der Bewerbungsprozess funktioniert ähnlich. Es gibt nur wenige Recruiting-Spezialisten, die sich der ganzheitlichen Wirkung einer Bewerbung entziehen können. In der Praxis entscheiden häufig Fachbereichsleiter, die wenige Male pro Jahr Personal einstellen. Diese sprechen besonders auf den Gesamteindruck an. Aber sogar die Executive Search Consultants, die ihren Lebensunterhalt mit der Personalauswahl verdienen, wissen:

Der Inhalt der Bewerbung geht Hand in Hand mit dem äußeren Erscheinungsbild. Anders ausgedrückt: Wie soll ein Bewerber, der nicht in der Lage ist, sich selbst ins rechte Licht zu rücken, morgen erfolgreich Schrauben verkaufen oder intern eine überzeugende Position vertreten?

5. Das Versandkuvert

Das Versandkuvert wird von der Sekretärin geöffnet. Sie nimmt die Bewerbungsunterlagen heraus und wirft den Umschlag weg … Ein Irrtum!

Ein schönes Versandkuvert kann schlechte Unterlagen nicht wettmachen. Umgekehrt kann es aber sein, dass gute Unterlagen in einem schlechten Kuvert keine weitere Aufmerksamkeit erhalten.

Immer mehr Personalleiter wünschen sich, zusammen mit den Unterlagen auch das Versandkuvert zu sehen. Ist der erste Eindruck positiv, wird der potentielle Arbeitgeber weiterhin nach Indizien suchen, die das erste Gefühl bestätigen. Ist die Einstimmung negativ, wird der Betrachter diejenigen Kriterien aufgreifen, die seine anfängliche Emotion verstärken.

Im Rahmen meiner Bewerbungsberatung bitte ich immer, dass mir die Unterlagen in der Form zugeschickt werden, wie sie bei Bewerbungen tatsächlich eingesetzt werden. Das Ergebnis ist häufig haarsträubend: Als ich in einem ganz schlimmen Fall einer Bewerberin (Redakteurin) ein Digitalbild ihres zerlöcherten, verschmierten und gefalteten Umschlags zuschickte, erhielt ich folgende Reaktion: „Auf die Idee, dass ein Kuvert derart kaputt ankommt, bin ich nicht gekommen, und niemand sagt das! Nach all den Jahren in der Redaktion mit täglichen Postbergen klingt das geradezu naiv, ist aber wahr!"

Ausgerechnet heute, während ich diese Worte schreibe, erhalte ich die Unterlagen einer promovierten Führungskraft. Das braune Kuvert, per Hand beschriftet, kam geöffnet an. Ich bin nicht in der Lage festzustellen, ob die Unterlagen noch vollständig sind. Emotional habe ich mich bereits festgelegt, auch wenn ich die Unterlagen noch nicht in der Hand hatte. Gedanken gehen mir durch den Kopf, wie: „Sehr viel Wert hat er nicht darauf gelegt, dass die Unterlagen mich als Empfänger in gutem Zustand erreichen." Wie möchte er wohl einen potentiellen Arbeitgeber davon überzeugen, dass es ihm wichtig ist, bei ihm anzufangen?

Farbe

Meine Söhne (9 und 11) lieben es, auf braunen Kuverts herumzumalen, betrachten sie als „Schmierpapier". In der Tat wirken weiße Kuverts deutlich hochwertiger. Im Hinblick auf die Wertanmutung kann nur zu weißen Kuverts geraten werden (es sei denn, Sie bewerben sich bei sehr umweltbewussten Unternehmen).

Empfängeradresse

Ich habe viele Varianten gesehen. Die einfachste ist nicht gerade die beste, nämlich das Kuvert manuell zu beschriften. Abgesehen davon, dass man der Post damit keinen Gefallen tut, sollte der potentielle Arbeitgeber den Nachweis erhalten, dass der Bewerber im digitalen Zeitalter über andere Möglichkeiten verfügt. Viele greifen daher zu Etiketten.

Nicht sehr elegant ist das Aufkleben von weißen Aufklebern auf braune Kuverts. Weiße Etiketten auf weißen Kuverts sehen in jedem Fall besser aus. Vielfach ist es mit nur einem Aufkleber nicht getan, wenn es der Bewerber vorzieht, die Absenderadresse separat aufzukleben. Jedoch ist nicht auszuschließen, dass sich die Etiketten (teilweise) lösen. Alles bereits geschehen!

Die optimale Lösung ist sicherlich, Fensterkuverts einzusetzen.

Kartoniertes Versandkuvert

Sie können nicht vermeiden, dass ein Kuvert auf dem Postweg gefaltet oder gequetscht wird. Dem können Sie entgegenwirken, indem Sie Kuverts mit einer Kartonrückwand verwenden. Diese sind zwar teurer, jedoch signalisieren sie erneut, dass die Unterlagen möglichst einwandfrei beim Empfänger eintreffen sollen.

Wichtig: Wer vermeiden möchte, dass ein Kuvert offen beim Empfänger eintrifft, sollte es unbedingt mit einem Klebestreifen versehen. Daraus wird geschlossen, dass der Bewerber über eine vorausschauende Arbeitsweise verfügt.

Frankierung

Lieblos sind sicherlich Portostreifen, auf denen der entsprechende Betrag aufgedruckt ist. Entsprechend flüchtig und unauffällig ist der erste Eindruck dieser Bewerbungen. Nur geringfügig besser sind Standard- oder Automatenmarken.

Mit Sondermarken hebt man sich ab. Es muss nicht unbedingt die minimalistische Ausführung auf einem großen C4-Kuvert sein. Von einer unscheinbaren Marke wird leicht von den Hobby-Psychologen im Unternehmen auf die Persönlichkeit des Bewerbers geschlossen. Die Marke darf ruhig präsent sein. Wenn Sie – zu den derzeit gültigen Tarifen – 1,45 Euro mit einmal 0,55 Euro sowie zweimal 0,45 Euro frankieren, können Sie Ihre Kreativität noch mit der Auswahl und Kombination der Marken ausleben. Mit Sicherheit kommen Marken, die nach Motiv und Farbe zusammenpassen, besser an, als eine schwarze Widerstands-Gedenkmarke.

6. Das Anschreiben

Viele Aspekte der Bewerbungsunterlagen sind mehr oder weniger festgelegt. Beim Anschreiben aber verfügen Sie über individuellen Gestaltungsspielraum. Weil dieser Teil der Bewerbung für viele Bewerber eine Herausforderung darstellt, betrachten Personalleiter und Headhunter das Anschreiben als bedeutendste Arbeitsprobe und im Idealfall als Meisterstück.

Optische Gestaltung

Beim ersten Eindruck spielen die Materialanmutung und Blatteinteilung immer eine Rolle. Ein einladendes Versandkuvert sollte perfekte Unterlagen beinhalten. Das gilt sowohl für die Aussage als auch für die Optik. Verwenden Sie daher durchaus etwas dickeres Papier (100 g/qm gebleicht).

Das Anschreiben soll „atmen". Deshalb empfehle ich ausdrücklich, Blöcke/Absätze zu bilden, die durch Leerzeilen getrennt sind. Unbewusst müssen Ihre Leser das Gefühl haben, dass sie nach jedem Block „aussteigen" können. Ist die Lektüre aber fesselnd, entscheiden sie sich für den nächsten Abschnitt.

Achten Sie auf die Druckqualität. Der Laserdrucker ist bereits erwähnt worden.

Auch die Schriftart spielt eine Rolle. Es müssen nicht unbedingt die Standardschriften Times New Roman oder Arial sein. Ich ermutige nicht zu einer verspielten Schrift, die man nur mühsam lesen kann. Verdana oder Georgia sind beispielsweise gute Alternativen, durch die man sich abhebt. Selbst habe ich bevorzugt die kostenpflichtige Schriftart

Frutiger 45 Light eingesetzt, was positiv wahrgenommen wurde, denn ich wurde darauf angesprochen.

Verabschieden Sie sich von der Auffassung, dass ein Anschreiben eine Seite nicht überschreiten darf. Was für einen Hochschulabgänger sinnvoll ist, muss nicht unbedingt für eine Person, die auf zwanzig Jahre Berufserfahrung in vier Unternehmen zurückblickt, relevant sein. Um dieses selbstgesteckte Ziel einzuhalten, reduzieren manche Bewerber die Schrift auf unleserliche Minimalgröße. Wenn dann Leerzeilen fehlen und die Blattgröße völlig in Anspruch genommen wird, ist der Bewerbung eine Lupe beizufügen.

Bleiben Sie bei 12 Punkt und erweitern Sie, wenn notwendig, das Anschreiben auf zwei Seiten. Das bietet Ihnen die Möglichkeit, die Seiten originell zusammenzuhalten und aufzufallen. Ein gut sortierter Bürofachhandel bietet ungewöhnliche Lösungen, die Sie ins Auge fassen sollten.

Besonders Anspruchsvolle können einen Prägestempel benutzen, der dezent die Individualität bei Bewerbungen auf Führungspositionen unterstreicht.

Zu guter Letzt sollten Sie blau unterschreiben, möglichst mit einem dicken Füller.

Inhaltliche Aussage

Zunächst sollte Ihr Anschreiben/Ihre Bewerbung immer mit dem Namen des Adressaten versehen sein. Vermeiden Sie „Sehr geehrte Damen und Herren" um jeden Preis! Kennen Sie die zuständige Person nicht, rufen Sie im Unternehmen an. Wenn Ihnen – erfahrungsgemäß sehr selten – der Name des Verantwortlichen nicht mitgeteilt wird, fragen Sie, mit wem Sie sprechen. Diesem Mitarbeiter am Empfang senden Sie Ihre Bewerbung dann zu und beziehen sich auf das Telefonat.

Fragen, die ein Anschreiben beantworten sollte

Warum bewerben Sie sich bei diesem Unternehmen?
Formulieren Sie einen wertschätzenden Einstiegssatz zum Unternehmen. Die Aussage darf ruhig emotional sein: „Mit Respekt und Anerkennung habe ich verfolgt, dass …"

Die Frage nach Ihrer Fachkompetenz

Selbstverständlich sollten Sie Ihre fachliche Eignung zum Ausdruck bringen. Die meisten Bewerber belassen es aber bei der Ausbildung und der Berufserfahrung. Es wird von Verantwortungsbereichen, Stellenbezeichnungen sowie Aufgabengebieten gesprochen. Nach Durchsicht der Unterlagen ist klar, was der Bewerber für welches Unternehmen in welchem Zeitraum gemacht hat. Nur eine Frage bleibt unbeantwortet: Was ist dabei herausgekommen?

Was wirklich interessiert – Erfolge, Ergebnisse, Leistungen, Resultate –, muss genannt werden. Darin unterscheiden sich durchschnittliche von sehr guten Bewerbungen.

Spätestens im qualifizierten Vorstellungsgespräch wird ein Bewerber mit der Frage konfrontiert, in welcher Hinsicht er sich von anderen Kandidaten unterscheidet. Die Fragen lauten dann etwa folgendermaßen:

- „Wenn Sie auf Ihren Werdegang zurückschauen, was ist Ihnen besonders gut gelungen?"

- „Auf welche Leistungen sind Sie stolz?"

- „Bitte überzeugen Sie mich, warum ich mich für Sie und nicht für einen Mitbewerber entscheiden sollte?"

Mit den Antworten auf diese Fragen ragt Ihre Bewerbung heraus. Sie zeigen, dass Sie verstehen, worauf es ankommt. Wie können solche Leistungsaussagen aussehen?

Beispiele für Leistungsaussagen

- In meiner Tätigkeit als Verkaufsleiter ist es mir gelungen, das jährliche Umsatzvolumen um sieben Prozent zu steigern, während der Branchendurchschnitt rückläufig war …

- Als Einkaufsleiter habe ich mit der Erschließung alternativer Beschaffungsquellen die Materialkosten von 60 Prozent auf 55 Prozent gesenkt und dadurch zusätzlich fünf Millionen Euro zum Deckungsbeitrag beigesteuert …

- Als Leiter eines Callcenters war mir vor allem ein fundiertes Telefon-Training für alle Mitarbeiter wichtig. Die jährliche Kundenumfrage hat ergeben, dass unsere „Freundlichkeit" in einem Jahr von 65 auf 85 von 100 Punkten angestiegen ist.

- Aufgrund der Qualitätskontrollen, die ich als Versandleiter installierte, hat sich die Retourenquote von vier Prozent auf zwei Prozent verringert …

- Als Mitarbeiter in der Produktion war ich dafür bekannt, dass ich Verbesserungen für den Fertigungsablauf vorgeschlagen habe. Während der vergangenen fünf Jahre wurden drei meiner Vorschläge umgesetzt. Für diese Vorschläge habe ich übrigens Prämien in Höhe von 20.000 Euro erhalten.

Geben Sie im Anschreiben bereits einen ersten Vorgeschmack Ihrer Leistungen, etwa: „Zu meinen Stärken zähle ich meine strategische Vorgehensweise. So konnte ich z.B. als Marketingleiter bei der Firma ABC aufgrund einer Neu-Positionierung des Brandings die spontane Bekanntheit innerhalb eines Jahres von 15 Prozent auf 20 Prozent steigern."

Auch im Lebenslauf können Sie unterhalb der jeweiligen Position die Schwerpunkte in Hauptaufgaben und Leistungen aufteilen. Letztendlich ist eine dritte Seite für eine Leistungsbilanz prädestiniert.

Die Frage nach Ihrer persönlichen Kompetenz

Viele Bewerber meinen, dass die Auswahl lediglich aufgrund der Fachkompetenz erfolge, die Persönlichkeit werde außer Acht gelassen. Das ist ein Irrtum!

Heute wird Selbstreflexion vorausgesetzt. Man sollte in der Lage sein, seine Stärken, Persönlichkeitsmerkmale, Motivationsfaktoren, Werte und motivierenden Umstände zu beschreiben. Das Unternehmen möchte nicht nur einen Eindruck von Ihren Fähigkeiten gewinnen, sondern auch von Ihrer Persönlichkeit.

Wichtig: Die Personalentscheidung wird auf der Grundlage von Fakten (Ausbildung, Berufserfahrung, Ergebnisse), aber auch wegen der „Chemie"/Emotionalität getroffen: Passt diese Person als Mensch zu uns?

Die Frage nach dem roten Faden im Lebenslauf

Fast jeder Lebenslauf enthält Lücken oder Brüche:

- Warum ist der Bewerber aus der Linienfunktion in eine Stabsstelle gewechselt? Was hat jemanden zum Branchenwechsel motiviert?
- Was hat der Bewerber in dem halben Jahr zwischen Hochschulabschluss und Stellenantritt getan?
- Weshalb hat jemand alle zwei Jahre eine neue Position angetreten?

noch: Die Frage nach dem roten Faden im Lebenslauf

- Was hat dazu geführt, dass der Bewerber nach zehn Jahren Angestelltendasein in die Selbständigkeit wechselte, um dann nach einem Jahr erneut in ein Angestelltenverhältnis zu treten?

Für solche Fragen gibt es häufig eine logische Begründung.

Auch wenn Ihnen solche Brüche unangenehm sind, zeugt es dennoch von Souveränität, sie bereits im Anschreiben zu erwähnen. Viele hoffen, die Hintergründe in einem Vorstellungsgespräch darzulegen. Ein Trugschluss. Zum Vorstellungsgespräch kommt es erst, wenn die Einwände vorweggenommen wurden.

Wichtig: Das Anschreiben darf keine Verteidigungsschrift oder gar eine Anklage gegen ehemalige Arbeitgeber sein. Überprüfen Sie jedes Anschreiben auf den geringsten Anflug von Selbstmitleid oder Schuldzuweisung.

Warum möchten Sie den Arbeitgeber wechseln?

Es lohnt sich, den Grund für einen beabsichtigten Wechsel anzudeuten.

- Haben sich die Eigentumsverhältnisse des Arbeitgebers geändert, und sind Sie nicht länger bereit, die geänderte Unternehmenskultur mitzutragen?
- Sehen Sie – aufgrund der organisatorischen Konstellation – keine weiteren Entwicklungsmöglichkeiten?
- Oder vielleicht arbeiten Sie in einer Branche, die sich seit mehreren Jahren in der Krise befindet?

Bleiben Sie authentisch, das ist überzeugend. Natürlich sollten Sie die Formulierungen elegant wählen und nicht mit der Wahrheit brüskieren.

7. Die Bewerbungsmappe

Je teurer desto besser? Für knapp vier Euro kauft man das Gefühl, „alles zum Gelingen seiner Bewerbung" beigetragen zu haben. Auf grauem, schwarzem, blauem oder bordeauxfarbenem Hintergrund ist der Schriftzug „Bewerbung" geprägt. Die Bewerbungsmappe liegt wie ein Triptychon vor Ihnen.

Über die Verwendung dieser Mappe herrschen unterschiedliche Meinungen. Bei manchen Bewerbern wird das Anschreiben sichtbar, sobald die linke Seite weggeklappt ist. Andere legen das Anschreiben auf die Mappe und lassen den – möglicherweise – dafür vorgesehenen Raum frei. Wenn nun auch die rechte Seite weggeklappt ist, nimmt die Bewerbung mit drei nebeneinander liegenden A4-Flächen wirklich Raum ein. Zwei Klemmschienen stehen zur Verfügung und erlauben eine gewisse Kreativität. Deckblatt mittig? Lebenslauf rechts? Die sonstigen Unterlagen ebenfalls in der Mitte?

Bei so viel opulenter Darstellung trauen sich viele Bewerber im Laden kaum, einen Blick in die fast vernachlässigte Ecke mit den eher klassischen Bewerbungsmappen zu werfen. Die Hälfte der Bewerber verwendet unglücklicherweise diese geschlossenen Mappen. Manche äußern zusätzlich, dass der Headhunter bei einer Klemmmappe Schwierigkeiten haben könnte, mit der einen Hand zu telefonieren, während er mit der anderen Hand in den Unterlagen blättert und sich Notizen macht – ein Argument, das ich lediglich aus der Bewerbungslektüre, nicht aber aus der Praxis kenne.

Beachten Sie beim Kauf Ihrer Bewerbungsmappen folgende Aspekte:

Offene Bewerbungsmappen sind vorteilhaft

Wenn die Bewerbungsunterlagen nach Durchsicht „auf dem Stapel" landen, sehen die teuren, geschlossenen Mappen von außen alle gleich aus.

Damit die richtige Bewerbung schnell gefunden und einer anderen Person gezeigt werden kann, muss die entsprechende Mappe erst umständlich geöffnet werden – damit sie „das Innere" preisgibt.

Die Realität: Wenn ich viele Bewerbungen am Tag prüfe, habe ich am nächsten Tag 90 Prozent der Einzelheiten vergessen. Wenn aber eine Bewerbung überzeugt, schaue ich mir das Bewerbungsbild an! In meinem Gehirn werden Bild und Inhalt verknüpft (ja, linke und rechte Gehirnhälfte …). Sehe ich das Bild, kann ich mich einige Tage später nicht an die Details erinnern. Aber ich assoziiere mit dem Foto die hohe Qualität der Bewerbung und den positiven Eindruck, den ich gewonnen habe.

Eine offene Mappe hat viele Vorteile. Der potentielle Arbeitgeber findet Ihre Unterlagen rasch und reicht diese schnell weiter. Was aber bedeutender ist: Solange Sie/Ihr Bild „offen" auf dem Stapel liegen, wird der Entscheidungsträger immer wieder – bei erneuter Betrachtung und Abwägung – mit seinen positiven Empfindungen konfrontiert.

Praxis-Tipp:

Dieser Vorteil darf auch bei Initiativbewerbungen nicht unter-
schätzt werden. Allein durch Einsatz dieser Präsentationsform
ragen Sie bereits heraus und gewinnen Alleinstellungsmerkmale. Wenn Sie Ihre Unterlagen an den eher unbekannten Mit-
telständler versenden, haben Sie wirklich sehr gute Chancen,
dass Sie nicht in Vergessenheit geraten, sondern bald wieder
kontaktet werden.

Welche Bewerbungsmappen bieten sich an?

- Klemmhefter

  Auch wenn das Wort möglicherweise Entsetzen auslöst, ist die
  Präsentation der Unterlagen darin nach wie vor legitim. Beachten
  Sie aber Preis- und Qualitätsunterschiede: Manche Mappen fühlen
  sich dermaßen billig an, dass sie nicht eingesetzt werden sollten.
  Ein guter Standard ist die bewährte „Duraclip" Mappe. Für Männer ist die Farbe schwarz oder blau vielleicht eher geeignet
  (kommt natürlich auch auf die Position sowie das Unternehmen
  an), Frauen mögen dagegen häufig eine etwas fröhlichere Farbe,
  die vielleicht den Hintergrund des Bewerbungsbildes aufgreift.

- Klemmschiene

  Manch einer mag darin die schlechteste Option sehen. Andere as-
  soziieren mit Klemmschienen aber ein hohes Maß an Kreativität
  und Flexibilität. Das fängt bei einer reichen Farbauswahl (oder
  Transparenz) an, geht über das Fassungsvermögen der Schiene
  bis hin zur Gestaltung der Abdeckung (Präsentationsfolie, weißer
  Karton, beides?). Das Endergebnis wirkt keineswegs unprofessio-
  nell. Die Folie ist glasklar und gewährt somit einen ungetrübten
  Blick auf das Bewerbungsbild. Da nur wenige Bewerber von dieser Möglichkeit Gebrauch machen, sind Alleinstellungsmerkmale
  garantiert.

- Thermo-Bindegerät

  Bewerber, die in ihrer Tätigkeit eher eine „Kampagne" sehen als
  den täglichen Gang zum Tante-Emma-Laden, um wieder zwei
  Briefmarken, ein Versandkuvert sowie einen neuen Klemmhefter und vier Bilder zu kaufen, sollten durchaus überlegen, ein
  Thermo-Bindegerät zu erwerben! Auch wenn die Einzelhandels-

preise höher liegen, werden diese Geräte in Bürokatalogen für etwa 35 Euro angeboten. Die Folgekosten für die Thermomappen sind mit ca. 0,50 Euro äußerst überschaubar, und der Controller unter uns hat bereits errechnet, wie viele Bewerbungen er versenden sollte, damit der „Break-even" in Bezug auf alternative Mappen erreicht ist. Thermomappen sind in unterschiedlichen Farben und Mustern (Lederstruktur, Leinenstruktur) erhältlich. Da die Mappe nur einmal eingesetzt werden kann (die Seiten werden in die Mappe eingeklebt und das Deckblatt trägt den Unternehmensnamen), ist eine hohe Wertanmutung gegeben.

Bevor Sie ein Thermo-Bindegerät kaufen, können Sie das Prinzip in fast jedem Copy-Shop ausprobieren. Sie bringen Ihre Unterlagen mit und können sie vor Ort in eine von Ihnen ausgewählte Mappe einkleben lassen.

Eine Seminarteilnehmerin verwendet statt eines Thermogeräts ein Bügeleisen. Auch diese Billig-Variante funktioniert.

8. Das Deckblatt

Ein Deckblatt ist keine Notwendigkeit, stellt aber aus meiner Sicht ein sinnvolles gestalterisches Element dar. Außerdem bietet gerade ein Deckblatt die Gelegenheit zur Individualisierung. Häufig ziert das Deckblatt die wenig aussagefähige Überschrift „Bewerbung".

Praxis-Tipp:

Vorteilhaft ist aber, an der Stelle den Unternehmensnamen einzufügen, darunter das Bewerbungsbild, unter das Foto die Funktion, für die Sie sich (möglicherweise initiativ) bewerben. Beim Headhunter dürfen Sie bei einer initiativen Kontaktaufnahme an dieser Stelle Ihr Profil skizzieren.

Ganz unten befinden sich – neben Ihrem Namen – die Kontaktdaten wie Straße, private sowie mobile Rufnummer (eventuell Fax) und Ihre E-Mail-Adresse.

Beim Format haben Sie Gestaltungsspielraum. Ein weißes Blatt mit den genannten Angaben ist legitim. Balken oder andere dezente Gestaltungselemente können ebenfalls einen besonderen Eindruck hinterlassen.

Manche wagen ein Zitat. Die Aussagekraft ist häufig gering und vermittelt eher den Eindruck: „Gewollt, aber nicht gekonnt …"

Alle Seiten in der Bewerbungsmappe können auf 80 g/qm Papier kopiert werden. Für das Deckblatt können Sie ruhig deutlich dickeres Papier (z.B. 120 g/qm) verwenden.

Falls Sie ein Deckblatt partout nicht mögen, können Sie das Foto natürlich auch traditionell auf den Lebenslauf kleben. Meiner Meinung nach wirkt das häufig überfrachtet. Weder der sachlichen Information, noch dem Bild wird gebührend Beachtung geschenkt.

9. Das Bewerbungsbild

In den USA machen Bewerber keine Angaben zum Alter, Geschlecht, nicht zur Hautfarbe oder Religionszugehörigkeit – geschweige, dass ein Bewerbungsbild mitgeschickt wird. Seit in Deutschland im August 2006 das AGG (Allgemeines Gleichbehandlungsgesetz) seinen Einzug gehalten hat, befinden wir uns grundsätzlich auf dem Weg in diese Richtung. Noch spielen Bewerbungsbilder aber eine wichtige Rolle.

Je professioneller das Unternehmen, desto mehr wird es sich von dieser Aussage distanzieren. Es zirkuliert zwar Lektüre, dass es einen Zusammenhang zwischen den Gesichtszügen und dem Charakter eines Menschen gebe; diese These wurde wissenschaftlich aber nie belegt. Gleichzeitig kann sich keiner der emotionalen Wirkung eines Bildes entziehen, und über die Sympathiewirkung hinaus erlaubt ein Bild aufgrund der Qualität – wie die ganze Bewerbung – Rückschlüsse auf die Person und mögliche Arbeitsweise des Bewerbers.

In kleineren Unternehmen ist es aber durchaus üblich – sicherlich bei „gleicher Qualifikation der Bewerber" –, dass ein Bewerbungsbild über eine Einladung zum Vorstellungsgespräch entscheidet. Somit ist es leichtsinnig, ein Bild lediglich als „Formalität" zu betrachten.

Worauf ist beim Bild zu achten?

Wähle den richtigen Tag!

Wenn Sie gestresst, gehetzt, genervt sind oder das Bild schnell in der Mittagspause erstellen lassen möchten, sieht man das dem Ergebnis an! Es fehlt vielleicht die Ausstrahlung; Sie haben das Gefühl, „das sind nicht Sie" und hätten daher ein schlechtes Gefühl, dieses Foto den Bewerbungen beizulegen.

Wichtig: Wählen Sie einen Tag, an dem Sie mit sich selbst zufrieden sind, sich gut fühlen und entspannt die nötige Zeit für die Bilder zur Verfügung haben.

Vorbereitungen

Ich habe Bilder von Top-Führungskräften gesehen, die sich verändern wollten; sie waren unrasiert, hatten die Krawatte locker gebunden. Eine Dame, die für eine renommierte Wirtschaftsprüfergesellschaft arbeitete, sandte ein lässiges Urlaubsbild. So wird es nicht funktionieren!

Dem potentiellen Arbeitgeber sollte sehr wohl der Eindruck vermittelt werden, dass Ihnen etwas an der Stelle gelegen ist.

Praxis-Tipp:

Gehen Sie zum Friseur, schauen Sie nochmals kritisch in den Spiegel, überlegen Sie die Kleiderwahl. Ihr Outfit soll zu Ihnen, zum Unternehmen sowie zur angestrebten Stelle passen. Für eine Position als Lagerleiter sollten Sie sich anders anziehen als für die Stelle des Leiters Materialwirtschaft. Sollten Sie sich bei der Deutschen Bank bewerben, ist eine andere Kleiderordnung angesagt als vielleicht bei der örtlichen Sparkasse.

Farbe und Stil

Viele Personen haben sich nie Gedanken gemacht, welche Farbe für sie vorteilhaft ist und welcher Stil die Persönlichkeit optimal unterstreicht. Einige Unternehmen bieten Farb- und Stilberatung an, wenn es darum gehen sollte, welche Kleidung, welche Farben zur Haut-, Haar- und Augenfarbe passen. In manchen Fällen können die

Ergebnisse eine umwälzende Wende bedeuten, die durchaus vom Umfeld wahrgenommen wird.

Zu welchem Fotografen soll man gehen?

In der heutigen Zeit, in der sich – auch beim Portraitfotografen – der Wechsel von analog auf digital unweigerlich vollzieht, ist bisweilen eine gewisse Suche notwendig. Bestehen Sie darauf, dass eine Serie von Bildern erstellt wird. Das Sofort-Passbild in vierfacher Ausfertigung kommt genauso wenig infrage wie die „acht Bilder zum Sonderpreis"! Suchen Sie den Fotografen, der Ihnen Zeit widmet, auch wenn er etwas teurer ist. Aus meiner Sicht sollten mindestens 36 Bilder erstellt werden (in der „alten analogen Welt").

Als Mann können Sie ruhig ein wenig nach dem „Zwiebelprinzip" experimentieren: Sie kommen im Dreiteiler, legen die Jacke ab und lassen sich nur mit der Weste ablichten. Dann ziehen Sie die Weste aus und die Jacke wieder an. Vielleicht bringen Sie zwei oder drei Krawatten mit.

Für die Dame ist die Bekleidungsfrage etwas komplexer, aber auch hier soll Zeit für eine Metamorphose gegeben sein. Der Fotograf, der seine Bilder digital erstellt, kann ohne weiteres 50 Bilder oder mehr ablichten.

Kosten

Bestellen Sie auf einmal ausreichend Abzüge, etwa 50 Stück. Es ist von Vorteil, wenn Sie das Bild (Datei oder Negativ) erwerben können und nicht für jeden Abzug ein kleines Vermögen hinblättern müssen. Klar ist aber, dass ein Fotograf, der sich eine halbe Stunde mit Ihrer Person auseinandersetzt und Ihnen dann die digitale oder analoge Aufzeichnung überlässt, dafür mindestens 50 bis 100 Euro verlangen wird. Das ist aber billiger, als dass Sie für jeden Abzug 17,50 Euro hinlegen müssen, zumal es sich um das „kreative Eigentum" des Fotografen handelt.

Die besten Bilder

Wenn eine Serie erstellt wird, entscheiden Sie sich für die zwei oder drei besten Bilder. Davon bestellen Sie gleich eine größere Menge. Sie werden im Bewerbungsprozess feststellen, dass zu gewissen Unternehmen besser ein formales Bild passt, das lockere Foto vielleicht optimal für eine andere Unternehmenskultur geeignet ist.

Ausfertigung

Schwarz/weiß oder farbig?

Mit schwarz/weiß heben Sie sich sicherlich ab. Diese Wahl ist nicht zu extravagant. Farbe ist allerdings häufiger, und es ist nichts dagegen einzuwenden.

Format

Das Passbildformat ist üblich, etwas größer ist durchaus legitim und ungewöhnlich. Es muss nicht immer Hochformat sein; ein Querformat kann je nach Bildausschnitt auch reizvoll sein. Allzu extravagante Ausschnitte sind vielleicht eher für den kreativen Bereich geeignet.

Befestigung

Bitte keine Fotoecken, kein Fotokleber, mit dicker Spachtelmasse unter dem Bild! Keine Büroklammer! Verwenden Sie doppelseitig selbstklebende Fotokleber. Die Haftfähigkeit sollte so gut sein, dass Sie darauf verzichten können, Ihren Namen auf die Rückseite des Bildes zu schreiben.

„Killer" vermeiden

Auch wenn es teuer ist: Werfen Sie die Bilder, die Sie mit den Absagen zurückerhalten haben, weg, wenn „deutliche Gebrauchsspuren" sichtbar sind. Fingerabdrücke, ein Knick oder sichtbare Ablöseversuche sind K.O.-Kriterien. Das Bild, das gerade noch herumliegt, oder der digitale Ausschnitt aus einem fröhlichen Urlaubsbild vermitteln Desinteresse, genauso wie das Automaten- oder Passbild in vierfacher Ausfertigung.

Wenn auch kein „Killer", würde ich dennoch vom eingescannten Bild in der klassischen Bewerbung abraten. Wenn eine optimale Bewerbung schon zwischen fünf und zehn Euro kostet, ist es mehr als fahrlässig, geizig zu erscheinen und einen ansonsten überzeugenden Eindruck zunichte zu machen, weil Sie an der falschen Stelle gespart haben.

10. Der Lebenslauf

Die Erstellung des Lebenslaufs erscheint vielen einfach, handelt es sich doch lediglich um die Auflistung, in welchem Zeitraum man bei welchem Arbeitgeber in welcher Funktion angestellt war – oder?

Wichtig: Neben dem Anschreiben kommt dem Lebenslauf die zweitwichtigste Bedeutung zu! Manche Arbeitgeber schauen sich zunächst das Anschreiben an und versuchen so, den Bewerber besser kennenzulernen. Personalberater greifen hingegen häufig zuerst nach dem Lebenslauf und durchleuchten die „harten Fakten": Ist eine konsequente Linie zu entdecken? Blieb der Bewerber in der Branche? Wurde das Fachgebiet vertieft und erweitert? Ist eine Entwicklung zu verzeichnen? Welche Fragen sind offensichtlich?

Form

Zunächst muss eine Entscheidung bezüglich der Form des Lebenslaufs getroffen werden. Beim Berufsstart spielt diese noch keine Rolle. Hat man einige Jahre Berufserfahrung vorzuweisen, spricht vieles für das amerikanische Format: Die letzte Stelle wird zuerst aufgeführt und die vorherigen Positionen folgen.

Was soll die Grundschule an exponierter Lage, wenn Sie derzeit Vice-President in einem DAX-notierten Unternehmen sind? Manche hoffen, auf diese Weise die Aufmerksamkeit auf spätere Erfolge zu fokussieren und von einem schwachen Berufsstart oder eine wenig überzeugende Ausbildung abzulenken. Wenn gerade das Studium herausragte und der Werdegang bei einem renommierten Arbeitgeber anfing, kann möglicherweise das „klassische" (sprich: chronologische) Format vorteilhafter sein.

Der Lebenslauf sollte in jedem Fall mit den persönlichen Angaben und Kontaktdaten anfangen. Es ist vollkommen unproblematisch, wenn Sie an dieser Stelle Angaben vom Deckblatt wiederholen.

Praxis-Tipp:
Bitte nicht den Namen und den Beruf der Eltern, des Ehepartners oder der Geschwister aufführen, auch nicht die Namen der Kinder (und wenn sie noch so schön oder extravagant sind).

Wichtig: Ihr Geburtsdatum müssen Sie nennen. In manchen Bewerbungen habe ich dieses in den Zeugnissen suchen müssen. Auch der Familienstand hat für viele Arbeitgeber Bedeutung und soll erwähnt werden.

Berufserfahrung

Viele Lebensläufe gehen unter dem Punkt Berufserfahrung in der chronologisch umgekehrten Form vor:

Negativ-Beispiel:

01.01.2000 – 31.12.2004	Peter Schwarz Handelsgesell-schaft mbH, Berlin Sachbearbeiter

Eine solche Aufstellung ist zwar sehr komprimiert, aber gleichzeitig wenig aussagefähig! Es wird weder deutlich, ob es sich bei dem Unternehmen um eine Drei-Mann-Firma handelte oder ob 30 oder gar 300 Mitarbeiter angestellt waren. Auch wird nicht sichtbar, mit welchen Waren gehandelt wurde.

.

Praxis-Tipp:

Es bietet sich durchaus an, die Information zum Arbeitgeber um einige Zeilen zu ergänzen, wenn Sie nicht gerade bei namhaften, populären Großkonzernen angestellt waren. Gleichzeitig empfiehlt es sich, zusätzlich zur Stellenbezeichnung einige Schwerpunkte zu erwähnen. Es ist schon ein Unterschied, ob Sie in der Auftragsabwicklung, dem Einkauf, dem Marketing oder in der Debitorenbuchhaltung tätig waren. Erwarten Sie nicht, dass sich der Arbeitgeber die einzelnen Puzzlestückchen aus den eventuell beigelegten Arbeitszeugnissen zusammensucht. Diese Unterpunkte können Sie zusätzlich in Hauptaufgaben und Leistungen unterteilen. Ergänzen Sie den Lebenslauf um eine dritte Seite, dann reichen die Hauptaufgaben.

Beispiel:

01.01.2000 – 31.12.2004	*Peter Schwarz Handelsgesell-schaft mbH, Berlin* **Sachbearbeiter Einkauf** ■ Einkaufsvolumen 15 Millionen Euro ■ Personalverantwortung für einen Mitarbeiter ■ Lieferantensuche ■ Vertragsgestaltung ■ Logistische Abwicklung

Die Peter Schwarz Handelsgesellschaft mbH setzt mit dem Vertrieb von Palettenreparatur- und Herstellungsmaschinen mit 25 Mitarbeitern 20 Millionen Euro um.

Die meisten Personalleiter freuen sich, wenn ihnen ein Überblick auf zwei Seiten geboten wird. Das bedeutet, dass Sie bei wenigen beruflichen Stationen die Möglichkeit haben, bedeutende Zusatzinformationen auszuführen. Wenn Sie viele Stationen vorweisen, sollten Sie den Lebenslauf komprimieren. Ältere Informationen verlieren an Bedeutung und können weniger ausführlich dargelegt werden.

Praxis-Tipp:

Vor allem Personalberater sind an Details interessiert, die für ein mittelständisches Unternehmen von geringerer Bedeutung sind.

Reicht der Platz, bietet sich der Lebenslauf zur Beantwortung der Fragen an. Falls nicht, können Sie die Information auf eine dritte Seite auslagern.

Zusatzinformationen gezielt platzieren

Beschreiben Sie kurz das Produkt oder die Dienstleistung des Arbeitgebers. Nennen Sie die Unternehmensgröße zum Zeitpunkt, als Sie für das Unternehmen tätig waren. Wenn Sie in einer Niederlassung oder Landesvertretung angestellt waren, erwähnen Sie sowohl die Gesamtmitarbeiterzahl weltweit als auch die Anzahl der Mitarbeiter in Ihrer Geschäftseinheit.

Erwähnen Sie kurz den Umsatz, den das Unternehmen erzielt hat. Auch hier gilt: Alle Angaben beziehen sich immer auf die Zeit, in der

Sie im Unternehmen angestellt waren. Manchmal finden Sie die Informationen noch im Internet, andernfalls geben Sie eine Schätzung ab.

Umreißen Sie in der Unternehmensdarstellung kurz die Eigentumsverhältnisse, nennen Sie den Mutterkonzern mit dem Hauptsitz. Häufig gewinnt eine Stelle an Bedeutung, wenn das Unternehmen zu einem renommierten Konzern gehört. Sie sind dann mit Konzerngegebenheiten wie Budgeterstellung, Personalplanung, Investitions- und Ergebnisrechnung, aber auch mit Stellenbeschreibungen, Orga-Charts und Ähnlichem vertraut.

Wenn Sie Führungsverantwortung innehatten, erwähnen Sie, für wie viele Mitarbeiter Sie in Ihrem Bereich zuständig waren. Benennen Sie die für Ihren Bereich wichtigsten Kennzahlen:

- Welche Umsätze haben Sie erzielt?
- Für welches Budget waren Sie verantwortlich?
- Wie hoch war Ihr Einkaufsvolumen?
- Wie viele Paletten zählte Ihr Lager?

Vorgesetzte Stelle: Executive Search Consultants interessieren sich für die Berichtswege. Wenn Sie Ihre Bewerbung schwerpunktmäßig an Personalberater senden, können Sie zu dieser Frage Angaben vornehmen. Berichteten Sie an den Gruppenleiter, den Geschäftsführer, den Vice-President oder an den Vorstand?

Wenn das Unternehmen noch existiert und über eine Internetadresse verfügt, erwähnen Sie die Website.

Viele Arbeitgeber und Headhunter können mit Peter Schwarz GmbH wenig anfangen. Die Website mit weiterführenden Informationen versetzt sie in die Lage zu prüfen, ob die Branche, die Unternehmensgröße, das Fachgebiet und der Umfang der vergangenen Verantwortung zur zu vergebenden Stelle passen.

Ausbildung

Im amerikanischen Format kommt nach der Berufserfahrung die Ausbildung. Hat sich jemand ständig weitergebildet und sind dadurch Lücken zwischen den Beschäftigungszeiträumen entstanden, ermutige ich manchmal – der Übersichtlichkeit halber –, den Werdegang chronologisch aufzuführen und nicht nach Blöcken (Berufserfahrung, Ausbildung) zu unterteilen.

Besondere Kenntnisse und Hobbys

Angaben zu besonderen Kenntnissen, etwa EDV oder Sprachen, sind sinnvoll und notwendig. Freizeitaktivitäten oder Hobbys runden das Profil ab, sind aber selten ein Entscheidungskriterium. Dennoch entsteht ein anderer Eindruck, wenn jemand Extrembergsteigen und Tiefseetauchen sowie Fitness-Training nennt im Vergleich zu einem Bewerber, der aktives Mitglied beim örtlichen Miniaturbahn-Verein ist.

11. Die dritte Seite

Bis vor wenigen Jahren war dieser Begriff unbekannt. Heute greift jeder Bewerbungsratgeber das Thema auf. Wie sinnvoll ist sie für Sie?

Die „Geburt" der dritten Seite ist nachvollziehbar: Immer wurde propagiert (im Übrigen nicht völlig berechtigt), dass ein Anschreiben eine Seite nicht überschreiten sollte. Gleichzeitig sahen sich Bewerber mit der Tatsache konfrontiert, dass der Lebenslauf nur eine Aufzählung ihrer beruflichen Stationen ermöglichte und wenig Raum für ergänzende Informationen bot.

Nicht mehr als nötig!

Der Wunsch nach dieser Ergänzung der Bewerbungsunterlagen kam nicht von den Unternehmen, sondern aus Bewerbungsratgebern. Der Wettbewerb unter den Autoren ist groß, neue Ideen sind gefragt. So existiert seit geraumer Zeit das Kompetenzprofil neben der Leistungsbilanz. Andere blieben bei der dritten Seite oder versehen diese Information mit „Was Sie noch über mich wissen sollten". Es erübrigt sich zu sagen, dass Bewerber häufig verunsichert sind und meinen, man müsse diese Seite den Unterlagen unbedingt hinzufügen. Eine deutliche Inflation einer ursprünglich guten Idee ist die Folge.

Die Diskussion hat aber dazu geführt, dass sich die dritte Seite zumindest etabliert hat. Der Bewerber ruft kein Stirnrunzeln hervor, wenn er von der Möglichkeit Gebrauch macht, seine Bewerbung zu erweitern. Diese positive Errungenschaft sollte aber niemanden unter Druck setzen. Bewerbungen ohne diesen Zusatz gelten nicht als altmodisch oder nicht mehr zeitgemäß.

Wichtig: Die dritte Seite dient nicht dazu, bereits getätigte Aussagen nochmals zu wiederholen. Sie soll also einen Mehrwert darstellen.

Erfolge und Leistungen

Die dritte Seite bietet eine hervorragende Möglichkeit, Ergebnisse der vergangenen und derzeitigen Tätigkeiten zu dokumentieren. Wie wichtig es ist, Ihre Erfolge und Leistungen darzustellen, haben wir bereits mehrmals betont. Die dritte Seite ist bestens geeignet, über einen „Vorgeschmack" im Anschreiben und eine etwaige Kurzauflistung im Lebenslauf hinaus, eine vollständige Dokumentation vorzunehmen.

Soft Skills – Ihre persönlichen Merkmale und Fähigkeiten

Auch die persönliche Kompetenz, die weichen Faktoren oder Soft Skills, kommen häufig zu kurz. Doch sie sind wichtiger, als oftmals angenommen: Die Kurzbeschreibung der eigenen Sozialkompetenz liefert einen wichtigen Beitrag zum Gesamtbild. Ein Bewerber wird selten nur aufgrund seiner Fachkompetenz zu einem Vorstellungsgespräch eingeladen oder gar eingestellt. Das Anschreiben eignet sich kaum, seine Persönlichkeitsmerkmale darzustellen; auch dafür empfiehlt sich die dritte Seite.

Wichtig: Es ist schon ein Unterschied, ob sich jemand als entscheidungsfreudig, mit Mut zum überschaubarem Risiko, direkt, ehrgeizig und ergebnisorientiert beschreibt oder eher als Team-Player, bedachtsam, loyal, unterstützend und konsensorientiert.

Vielleicht erkennen sich manche darin, dass sie motivieren, begeistern, kommunizieren, Mitarbeiter mitreißen und ein inspirierendes Umfeld schaffen. Andere sehen sich eher als Hüter der Normen und Prozesse, qualitätsbewusst, mit hohen Ansprüchen an Implementierungen, bedacht auf das Erstellen, Einhalten und Überprüfen von Prozeduren und Abläufen.

Genau diese Zusatzinformationen haben – neben den Leistungen – auf der dritten Seite ihre Berechtigung. Wenn Sie die Aussagen noch mit konkreten Beispielen belegen, erhöht das die Authentizität. Auf diese Weise grenzen Sie sich ohne Zweifel von Ihren Mitbewerbern ab. Sie gehören dann zum sehr kleinen Kreis der Bewerber, die dokumentieren und wissen, worauf es ankommt.

Zudem sind Sie in der Lage, die Frage nach Ihren Stärken und Allein-stellungsmerkmalen adäquat zu beantworten. Bewerber, die glaub-würdig über die eigenen Fähigkeiten (und Schwächen) reden und diese annehmen, werden als charismatisch empfunden und gern zu einem Vorstellungsgespräch eingeladen.

Projekt-Kenntnisse

Bereits vor dem Zeitalter der dritten Seite war es üblich, Bewer-bungen – wenn zutreffend – um die Information „Projekterfahrung/ Projekt-Kenntnisse" zu ergänzen. Einige Bewerber verfügten auch in der Vergangenheit bereits über umfangreiche Berufserfahrungen, etwa auf dem Gebiet der IT, und es war nichts Besonderes, diese auf einem Zusatzblatt zu dokumentieren.

Die dritte Seite hat – zweifelsfrei – Vorteile

Manch kritischer Beobachter sieht in der dritten Seite lediglich des Kaisers neue Kleider. Jedoch ist es für jeden Bewerber ein Vorteil, wenn er sein Anschreiben nicht notgedrungen in die Länge ziehen muss.

Auch der Lebenslauf kann seine Grundfunktion beibehalten, näm-lich eine gute und fundierte Übersicht über die jeweiligen beruf-lichen Stationen zu gewährleisten. In der Vergangenheit haben Be-werber den Lebenslauf missbraucht und die eigentliche Funktion mit Leistungsaussagen vermischt. Umsatzsteigerungen gingen Hand in Hand mit Positionsbeschreibungen und Aufgabenschwerpunkten.

Wichtig: Die dritte Seite ist eine anerkannte Bereicherung der Be-werbungsunterlagen. Das Muster ist flexibel, und der Bewerber ist eingeladen, auch mit Überschriften wie „Was Sie noch über mich wis-sen sollten" alle wichtigen Zusatzinformationen zu platzieren, die weder in das Anschreiben, noch in den Lebenslauf passen. Sie kön-nen kreativ sein, indem Sie andere Begriffe als „dritte Seite", „Leis-tungsbilanz" oder „Kompetenzprofil" entwickeln. Warum nicht „Das Wichtigste auf einen Blick" oder „The Power of Performance" für ein amerikanisches Unternehmen. Finden Sie Ihren eigenen Weg!

12. Anlagen und Zeugnisse

Im Anschluss an den Lebenslauf folgen ggf. die dritte Seite und dann die Anlagen. Das letzte Arbeitszeugnis zuerst, darauffolgend die weiteren Zeugnisse. Anschließend die Ausbildungsnachweise und letztendlich Weiterbildungszertifikate.

Fehlen Zeugnisse – auch wenn diese lange zurückliegen –, werden Personalverantwortliche hellhörig. Bei den Weiterbildungszertifikaten sollten Sie überprüfen, ob sie relevant sind für die jeweilige angestrebte Stelle und hinsichtlich des Ausbildungszeitpunkts. Normalerweise reichen maximal sieben bis zehn Seiten mit Fort- und Weiterbildungsbescheinigungen. Sonst kann der Eindruck entstehen, dass es sich bei Ihnen um eine Person handelt, die häufiger Seminare besucht, als im Büro anzutreffen ist.

Wenn Sie auf eine langjährige Berufserfahrung zurückblicken und eine erfolgreiche Karriere hinter sich haben, können Sie auf das Beilegen des Abiturzeugnisses verzichten.

Wichtig: Bitte erstellen Sie keine Farbkopien der Anlagen. Außerdem sollten Sie keine CD beilegen.

Digital bewerben oder klassische Bewerbungsmappe?

5

Mehr als zwei Drittel aller Positionen werden entsprechend aktueller Studien mittlerweile über das Internet besetzt. Das Netz hat sich damit zu einer wichtigen Informationsplattform für Bewerber und Unternehmen entwickelt. Viele der heutigen Internetauftritte von Unternehmen widmen den Themen Job und Karriere umfassende eigene Bereiche. Teilweise werden bereits differenzierte Informationen für potentielle Fach- und Führungskräfte vorgehalten. Diese Differenzierung hat sich auch im Bereich der Jobbörsen durchgesetzt. Dort finden sich umfangreiche Informationen und ausgewählte Positionen für Fach- und Führungskräfte, insbesondere bei Platzhirschen wie www.jobware.de.

Praxis-Tipp:

Ob Sie Hochschulabgänger sind oder bereits auf viele Jahre Berufserfahrung zurückschauen, der zusätzliche Raum, den die digitale Bewerbung eröffnet, bietet zweifellos die Gelegenheit, Ihre Bewerbung mit einer weiteren persönlichen Note zu versehen. Wer diesen zusätzlichen Raum überzeugend nutzt, verleiht seinen Unterlagen weitere Individualität.

1. Online-Bewerbung

Oft reicht ein Klick auf einen Button in einer Stellenanzeige, um sich auf die Position zu bewerben. Unternehmen möchten Barrieren abbauen und es dem Bewerber leicht machen, sich beim Unternehmen zu bewerben. Zugleich bietet diese Form der Bewerbung, insbesondere sehr großen Unternehmen, den Vorteil, dass die Bewerbung sofort auf dem Tisch des Personalreferenten landet, der für die Besetzung der Stelle verantwortlich ist. Der kann unverzüglich die Bewerbung an weitere Entscheider weiterleiten. Ein weiterer Vorteil ist, dass Ihre Bewerbung in verschiedenen Unternehmen mit weiteren Stellen abgeglichen wird. So werden Sie auf Stellen eingeladen, von denen Sie beim Versand Ihrer Bewerbung nichts ahnten.

Wichtig: Bevor Sie sich für die Online-Bewerbung entscheiden, sollten Sie sich auch mit den Besonderheiten und möglichen Nachteilen auseinandersetzen. Diese Prüfung müssen Sie für jeden Einzelfall gesondert vornehmen, da die bei den Unternehmen im Einsatz befindlichen Systeme und organisatorischen Maßnahmen teilweise stark voneinander abweichen.

Ob eine Online-Bewerbung für Sie sinnvoll ist, sollten Sie tatsächlich jeweils im Einzelfall entscheiden. Wichtig ist, dass Sie bei Ihrer Entscheidungsfindung versuchen, die Bedürfnisse des Unternehmens zu verstehen, bei dem Sie sich bewerben wollen. Hinweise dazu finden sich auf den Internetseiten des Unternehmens, in der Datenschutzerklärung zur Online-Bewerbung sowie im Online-Bewerbungsformular selber.

Um Ihnen einen Einblick in die Interessenslage seitens des Unternehmens zu geben, stelle ich Ihnen im Folgenden kurz die Hauptbeweggründe für die Einführung von Online-Bewerbungen aus Sicht des Unternehmens dar:

Online-Bewerbung: Vorteile für Unternehmen

Direkte Ansprache
Online-Bewerbungen gelangen direkt und vollständig zum zuständigen Personalreferenten. Gegenüber der Papierbewerbung schließt das Unternehmen das Risiko aus, dass Ihre Bewerbung während des Versands verloren geht oder deutliche Verzögerungen auftreten. In der Regel benötigt eine Papierbewerbung mit der Post zwei Werktage. In großen Unternehmen sind bis zu drei Werktage für interne Weiterleitungsprozesse hinzuzurechnen.

Vollständigkeit
Online-Bewerbungen beinhalten alle benötigten Informationen. Viele Papier- oder E-Mail-Bewerbungen sind unvollständig, da hier der Bewerber Einfluss auf den Umfang der Informationen hat. Bei der Online-Bewerbung kann das Unternehmen durch technische Maßnahmen und redaktionelle Hinweise weitgehend sicherstellen, dass alle für eine Entscheidung benötigten Informationen sofort vorliegen.

Keine Versandkosten
Online-Bewerbungen müssen nicht zurückgesandt werden. Die Rücksendung von Papierbewerbungen ist mit Portokosten und erheblichem personellen Aufwand verbunden.

Unkomplizierte Kommunikation
Auf Knopfdruck können Personalreferenten Sie zu Vorstellungsgesprächen einladen oder Ihnen auch sofort absagen. Sie erhalten Briefe per E-Mail. Auch hier wird Porto und personeller Aufwand eingespart.

Umfassende Such- und Matchingfunktionalitäten
Schreibt ein Personalreferent eine Stelle aus, kann er mit wenigen Knopfdrücken feststellen, ob hierfür passende Bewerber schon auf andere Stellenangebote reagiert haben und diese sofort auf die nun neu genehmigte Stelle ansprechen.

Digital bewerben oder klassische Bewerbungsmappe?

noch: Online-Bewerbung: Vorteile für Unternehmen

Automatisches Ranking

Eingehende Bewerbungen können mit den Anforderungen an die Stelle automatisch abgeglichen werden. Bewerber, die den formalen Anforderungen nicht entsprechen, werden in einer Liste aller Bewerber weit unten aufgeführt und in einer ersten Runde des Einladungsprozesses kaum berücksichtigt.

Schnelligkeit

Der Personaler hat seine Stelle frisch ausgeschrieben. In brisanten Fällen schaut er in kurzen Zeitabständen nach, um zu sehen, ob endlich der ersehnte erste, zweite, dritte Bewerber eintrifft. Genau diese ersten Bewerbungen wird er sich vollständig anschauen, um sicherzugehen, dass er die Stelle korrekt ausgeschrieben hat und natürlich auch in der Hoffnung, dass er die Stelle vielleicht schon wieder zurückziehen kann, um sich nicht noch mehr Arbeit zu machen.

Transparenz

Der Personalreferent kann sich auf einen Blick alle eingehenden Bewerbungen anschauen. Mit wenigen Klicks kann er die Effizienz der eingesetzten Medien prüfen.

Prozesseffizienz innerhalb des Unternehmens

In einigen Unternehmen ist es möglich, Online-Bewerbungen automatisch an beteiligte Führungskräfte weiterzuleiten und deren Zustimmung, beispielsweise zur Einladung, einzuholen. Bedenkt man, dass in größeren Unternehmen diese Prozesse standortübergreifend zu organisieren sind, erweist sich die Online-Bewerbung erneut als enorm vorteilhaft; sie ist schnell, die Unterlagen müssen nicht per Post verschickt werden.

Umgang mit Papierbewerbungen und E-Mail-Bewerbungen

Teilweise senden Unternehmen diese Formen der Bewerbung an den Bewerber zurück; die Integration von Papier- oder E-Mail-Bewerbung in den dargestellten Prozess ist zu aufwendig. Es erfolgt jedoch regelmäßig eine Sichtkontrolle, d.h. zumindest die passenden Bewerbungen werden händisch in das System übertragen. Die Papierbewerbung wird zur Entlastung an den Bewerber zurückgesandt, während das elektronische Double den Recruitingprozess durchläuft. Teilweise werden die Papierdokumente gescannt. Die für die Einstellung zuständige Führungskraft sieht dann lediglich die intern erstellte quasi-„Online-Bewerbung". Qualitativ fällt diese erfahrungsgemäß im Vergleich zu einer echten Online-Bewerbung deutlich ab.

Online-Bewerbung: Vor- und Nachteile für Bewerber

Von einer Online-Bewerbung sollten Sie in folgenden Situationen absehen:

- Es ist keine Datenschutzerklärung vorhanden.

- Die Online-Bewerbung stürzt ab oder macht ansonsten einen unprofessionellen Eindruck (Rechtschreibfehler, optisches Erscheinungsbild).

- Das Unternehmen weist auf der eigenen Homepage nicht auf die Möglichkeit der Online-Bewerbung hin.

- Stellenspezifische Fragen innerhalb der Online-Bewerbung kommen vor, die von Ihnen nicht positiv beantwortet werden können. Werden Sie beispielsweise gefragt, ob Sie ein besonderes Softwaremodul beherrschen, können Sie bei einer Online-Bewerbung dieser Frage nicht geschickt ausweichen. Hier könnte eine andere Bewerbungsform Ihre Chancen deutlich erhöhen.

- Innerhalb der Online-Bewerbung wird Ihnen keine Möglichkeit geboten, eigene Dokumente hochzuladen, etwa den Lebenslauf oder ein Anschreiben.

- Sie möchten sich bei dem Unternehmen initiativ bewerben.
  Mit einer initiativen Online-Bewerbung laufen Sie Gefahr, dass Ihre Bewerbung in einem großen Pool landet und niemals wirklich gesichtet wird.

- Sie haben bereits eine Papierbewerbung abgesandt. Mit Doppelbewerbungen lösen Sie im Unternehmen keine Verzückungen aus!

Wann sollten Sie sich bevorzugt online bewerben:

- Das Unternehmen weist ausdrücklich darauf hin, dass es Online-Bewerbungen bevorzugt und gegebenenfalls andere Formen der Bewerbung ausschließt.

- Es handelt sich um ein sehr großes Unternehmen, das ein einheitliches System einsetzt (z.B. Siemens, E.ON). Hier haben Sie mit einer Online-Bewerbung die Chance, dass Ihre Bewerbung auch mit weiteren Positionen abgeglichen wird, die für Sie interessant sein könnten. Zudem wird Ihre Bewerbung sicher den richtigen Ansprechpartner erreichen.

- Wenn Sie den Eindruck haben, dass Sie auf die ausgeschriebene Stelle der passende Kandidat sind.

- Sie haben in Erfahrung gebracht, dass Papierbewerbungen innerhalb von wenigen Tagen mit einer Eingangsbestätigung an die Be-

Digital bewerben oder klassische Bewerbungsmappe?

> werber zurückgesandt werden. In diesem Fall sollten Sie Ihre Unterlagen besser selber scannen, um die Qualität der digitalen Dokumente zu maximieren.
>
> ■ Wenn in Stellenanzeigen des Unternehmens die Postanschrift und der Ansprechpartner für die Stelle nicht genannt sind.
>
> ■ Wenn Sie Ihre Bewerbung super schnell übermitteln wollen, etwa weil die Stelle ganz frisch ausgeschrieben wurde und Sie die Chance sehen, einer der drei ersten Bewerber zu sein.
>
> ■ Wenn Sie mit den Kosten einer Papierbewerbung hadern.

Insgesamt ist festzuhalten, dass sich die Online-Bewerbung zunehmend durchsetzt. Hierzu tragen Entwicklungen wie die Zentralisierung von Personalfunktionen bei. Ein großer Teil der deutschen Großunternehmen setzt heute professionelle Systeme für die Personalbeschaffung ein. Diese Entwicklung hat auch einen Teil der größeren mittelständischen Unternehmen erfasst. Trotz der Einführung dieser Systeme sind die Unternehmen darauf bedacht, dass ihnen keine Fach- und Führungskraft durch die Lappen geht, nur weil diese die Online-Bewerbung nicht nutzen will oder kann. Damit bleibt auch die Chance, mit einer Papier- oder E-Mail-Bewerbung zum Ziel zu gelangen.

Letztlich müssen Sie als Bewerber entscheiden, mit welcher Form der Bewerbung Sie am ehesten den gewünschten Erfolg erzielen.

Wichtig: Orientieren Sie sich sowohl an den Bedürfnissen des Unternehmens als auch an Ihrem persönlichen Interesse, sich bestmöglich in der für Sie optimalen Form dem Unternehmen vorzustellen. Kein Unternehmen wird es Ihnen verdenken, wenn Sie aus Gründen der Vertraulichkeit nicht den Weg der Online-Bewerbung gehen möchten.

2. Bewerben per E-Mail

Die E-Mail-Bewerbung ist ein zweischneidiges Schwert. Deshalb sollten Sie sich ganz besonders mit den Bedürfnissen des anzusprechenden Unternehmens auseinandersetzen. Andernfalls laufen Sie Gefahr, dass Ihre E-Mail unbeantwortet bleibt und Sie eine Chance vertun.

In einer umfassenden Studie wurde das Antwortverhalten von Unternehmen auf E-Mail-Bewerbungen untersucht (Studie von Armin Trost, Professor für Betriebswirtschaft und zuvor Leiter des internationalen Recruitings bei SAP vom November 2005). Hiernach wurde nur jede dritte E-Mail-Bewerbung von Unternehmen überhaupt beantwortet. Zwei fiktive Kandidaten verschickten Bewerbungen mit einem Traumlebenslauf. Auf hundert Bewerbungen erfolgten nur vier Einladungen. Nähern Sie sich daher einer E-Mail-Bewerbung vorsichtig!

Jedoch weist die Form der E-Mail-Bewerbung für Unternehmen zahlreiche Vorteile auf. Auch hier entfallen wie bei der Online-Bewerbung die Personal- und Portokosten für die Rücksendung der Bewerbungsunterlagen. Bewerber neigen zu dieser Form, da sie sehr kostengünstig und ähnlich schnell ist wie die Online-Bewerbung.

Diese Vorteile aus Sicht des Bewerbers haben jedoch dazu geführt, dass zahlreiche Unternehmen sich vor E-Mail-Bewerbungen nicht mehr retten können. Manche Bewerber verschicken Hunderte E-Mail-Bewerbungen innerhalb weniger Minuten. Mehr als die Hälfte der in einer Studie befragten Unternehmen haben den Eindruck, dass E-Mail-Bewerbungen von minderer Qualität sind (www.berufsstart.de). Gegenüber dieser Bewerbungsform haben sich auf Seiten der Unternehmen Ressentiments aufgebaut.

Praxis-Tipp:

Eine E-Mail-Bewerbung sollten Sie immer nur dann in Betracht ziehen, wenn das Unternehmen diese Form der Bewerbung ausdrücklich wünscht, etwa durch Angabe einer E-Mail-Adresse auf der Stellenanzeige oder auf der eigenen Homepage, oder Ihnen diese Form der Bewerbung auf telefonische Nachfrage im Unternehmen empfohlen wird.

Entscheiden Sie sich für die Form der E-Mail-Bewerbung, gilt es, alles zu vermeiden, wodurch sich Vorurteile bestätigen könnten. Zugleich versetzen Sie sich bei Erstellung der E-Mail-Bewerbung in die Lage des zuständigen Personalreferenten. Dieser hat zahlreiche E-Mail-Bewerbungen zu sichten. Erleichtern Sie ihm die Arbeit, sammeln Sie Pluspunkte:

So punkten Sie mit einer E-Mail-Bewerbung

- Der Personalreferent muss Ihre Bewerbung einer Stelle zuordnen. Daher sollten Sie in der Betreffzeile der E-Mail den Grund der E-Mail sowie die angestrebte Position eindeutig bezeichnen, zum Beispiel: Bewerbung auf die Position als Filialleiter, Neuss, Kennziffer 8976. Auf diese Weise sorgen Sie von vornherein für Klarheit und vermeiden, dass Ihre Bewerbung fehlerhaft zugeordnet wird.

- Der Personalreferent sollte in der Liste der E-Mails Ihre Bewerbung finden.
  Nutzen Sie deshalb eine E-Mail-Adresse, in der Ihr Name und Ihr Vorname auftreten. Sie erleichtern es dem Personalreferenten, sich an Sie zu erinnern.

- Der Personalreferent sollte das Anschreiben sofort sehen.
  Jedes Öffnen von Anhängen ist lästig. Kopieren Sie Ihr Anschreiben, das Sie zugleich als Worddokument für einen etwaigen Ausdruck beifügen, in die E-Mail. Achten Sie darauf, dass Ihre Kontaktdaten aus der E-Mail hervorgehen.

- Der Personalreferent möchte Anhänge gezielt öffnen.
  Wählen Sie für die Anhänge sprechende Bezeichnungen und ergänzen Sie die Bezeichnung um Ihren eigenen Namen. Werden die Anhänge weitergeleitet oder heruntergeladen, sind sie eindeutig Ihnen zuzuordnen. Eine mögliche Bezeichnung wäre beispielsweise „Ihr-Name_Lebenslauf".

- Der Personalreferent möchte Anhänge schnell und sicher öffnen können.
  Verwenden Sie für Ihre Anhänge soweit möglich nur ein einziges Dateiformat. Hierbei hat sich PDF durchgesetzt. Minimieren Sie die Dateigröße der Anhänge durch geeignete Einstellungen bei der Konvertierung in PDF. Es reicht eine Auflösung von 200 dpi in s/w. Ihre Anhänge sollten niemals größer als 2 MB sein.
  Beachten Sie, dass die Unterlagen interessanter Kandidaten spätestens für das Vorstellungsgespräch ausgedruckt werden. Verzichten Sie daher darauf, ein farbiges Passfoto beizufügen oder auch andere Dokumente in Farbe zu liefern. Testen Sie vielmehr vor dem Versand, wie Ihre Dokumente wirken, wenn diese ausgedruckt werden. Von manchem Farbfoto bleibt nach dem Ausdruck auf einem s/w-Drucker nur ein Scherenschnitt.
  Mancher Bewerber fügt seiner Bewerbung seine Diplomarbeit oder seine Doktorarbeit oder andere Veröffentlichungen in beliebiger Zahl hinzu. Verzichten Sie darauf, wenn Sie nicht ausdrücklich darum gebeten werden.

noch: So punkten Sie mit einer E-Mail-Bewerbung

- Der Personalreferent möchte wenig klicken.
Reduzieren Sie die Zahl der Anhänge auf maximal drei: das Anschreiben, den Lebenslauf und die Zusammenfassung der Zeugnisse. Sortieren Sie die Zeugnisse genau so, wie Sie das für eine Papierbewerbung tun würden. Der Personalreferent möchte sich mit wenigen Klicks einen Eindruck verschaffen. Zeigen Sie ihm, dass Sie auf Ordnung Wert legen. Begrenzen Sie die Zahl der beigefügten Zeugnisse auf maximal 20 Seiten. Im Zweifel zögern Sie nicht, in einem vorhergehenden Telefonat abzuklären, welche Unterlagen seitens des Unternehmens erwartet werden und auf welche verzichtet wird. Sie zeigen damit, dass Sie mitdenken, auch im Hinblick auf die Umstände, wenn ein hundertseitiges Dokument ausgedruckt werden muss, um einen Kandidaten einzuladen. So mancher Personalreferent verzichtet auf eine Einladung, um nicht Papier aus dem Lager holen zu müssen.

Wichtig: Unabhängig von den möglicherweise spezifischen Bedürfnissen des Unternehmens: Machen Sie sich bewusst, dass an eine E-Mail-Bewerbung die gleichen hohen Anforderungen seitens des Unternehmens gestellt werden, wie an eine Papierbewerbung.

Beachten Sie bei der Erstellung einer E-Mail-Bewerbung die folgenden Punkte:

Checkliste: E-Mail-Bewerbung

- Individualität
Machen Sie gerade in der E-Mail-Bewerbung besonders deutlich, dass Sie Ihre Unterlagen speziell für das Unternehmen erstellt haben, bei dem Sie sich nun bewerben. Verzichten Sie auf eine unpersönliche Anrede wie „Sehr geehrte Damen und Herren" ebenso wie auf ein sehr allgemein gehaltenes Anschreiben. Tun Sie alles, um Ihre E-Mail nicht als Massen-E-Mail erscheinen zu lassen. Vorteilhaft ist, wenn Sie bereits auf einen Ansprechpartner im Unternehmen Bezug nehmen können und im Text auf Besonderheiten der Position oder des Unternehmens präzise eingehen. So stechen Sie hervor!

- Versand der E-Mail
Das Versenden der E-Mail unterscheidet sich in nichts von dem Einwerfen eines Briefes, außer dass es vorschnell und versehentlich durch einen Klick passieren kann. Ich empfehle Ihnen, Ihre E-Mail zunächst in einem Editor perfekt vorzubereiten und dann erst in die E-Mail zu kopieren. Vergewissern Sie sich, dass der Adressat korrekt ist. Nichts ist peinlicher, als das falsche Anschreiben an das falsche Unternehmen zu senden. Sie glauben nicht, wie oft das vorkommt!

Digital bewerben oder klassische Bewerbungsmappe?

noch: Checkliste: E-Mail-Bewerbung

- Prüfen, prüfen, prüfen
  Gerade wenn Sie viele Bewerbungen versenden, können sich leicht Fehler einschleichen, die den Erfolg der Bewerbung erheblich beeinträchtigen. Prüfen Sie jeden Text, den Sie versenden. Prüfen Sie jeden Anhang, den Sie beifügen. Drucken Sie sich jede Bewerbung vor dem Versand aus, und heften Sie sich die Bewerbung strukturiert ab. So haben Sie diese immer sofort zur Hand, wenn Sie angerufen werden!

- Qualität in der Kommunikation
  In der privaten E-Mail-Kommunikation haben sich Gewohnheiten eingeschlichen, die deutlich von den formalen Anforderungen an die Briefkommunikation abweichen. Im Rahmen einer Bewerbung sollten Sie jedoch auf die Einhaltung von Förmlichkeiten Wert legen. Das Unternehmen wird Fehler in der Groß- und Kleinschreibung als Fehler auslegen, Abkürzungen oder Emoticons werden auf Unverständnis stoßen. Denken Sie bei der Gestaltung der E-Mail an die Les- und Druckbarkeit. Zeigen Sie Disziplin und verfahren Sie mit der gleichen Sorgfalt wie bei einer schriftlichen Bewerbung.

Den verdeckten Arbeitsmarkt erschließen

6

Sie wissen nun, was Sie der Welt zu bieten haben, Sie haben Ihr Profil definiert. Damit können Sie gezielt aktiv vorangehen. Natürlich können Sie diese Erkenntnisse auch verwenden, um ausgeschriebene Stellen zu finden, die optimal zu Ihnen passen. Wir haben auch gesehen, wie erfolgreiche Unterlagen erstellt werden.

Kehren wir zu unserer Ausgangslage zurück. 95 Prozent der Bewerber reagieren auf ausgeschriebene Stellen und somit auf 35 Prozent der Vakanzen. In diesem Kapitel lernen Sie zehn Wege kennen, wie Sie den verdeckten Arbeitsmarkt erschließen können: Bewerben umgekehrt! Damit gehören Sie zu den fünf Prozent der Bewerber, die sich auf 65 Prozent der verfügbaren Arbeit konzentrieren. Für Fachspezialisten und Führungspositionen liegt dieser Prozentsatz noch höher.

1. Initiativbewerbungen eröffnen unbekannte Chancen

15 Prozent bis 20 Prozent der offenen Stellen werden über Initiativbewerbungen besetzt. Diese Zahl mag hoch erscheinen, aber stellen wir uns den Alltag einmal vor:

Über die Personalplanung hinaus finden täglich unvorhergesehene Ereignisse statt. Der Vertriebsleiter wurde vom Wettbewerb abgeworben. Die Sekretärin wird schwanger. Der Lagerleiter hat einen Verkehrsunfall, ist ein halbes Jahr krank geschrieben und wird anschließend ruhiger arbeiten müssen. Der Projektmanager wurde vom Headhunter angesprochen, die Marketing-Assistentin hat gekündigt und mit den Leistungen des Produktionsleiters war das Unternehmen schon lange nicht mehr zufrieden.

In diesen ungeplanten Situationen kann die Lawine der Stellenausschreibung losgetreten werden. Wie wir bereits geschildert haben, scheuen sich Unternehmen häufig vor dieser Entscheidung. Vor allem, wenn sich adäquate Initiativbewerbungen „im Eingangskorb" befinden, ist die Wahrscheinlichkeit hoch, dass diese Kandidaten zuerst begutachtet werden.

Vorteile für den Betrieb
■ Es handelt sich um Personen, die sich mit der Firma auseinandergesetzt haben
■ Sie sind motiviert und möchten hier gern anfangen
■ Der Chamäleon-Effekt tritt nicht zu Tage

Im Klartext:

Die Authentizität der Initiativbewerbung ist höher einzuschätzen als die Qualität der Bewerbungen, die aufgrund einer ausgeschriebenen Stelle verfasst werden.

Auch kann es von Vorteil sein, wenn der Bewerber sofort anfangen kann. Viele haben Angst, dies im Anschreiben zu erwähnen. Wir leben aber in einer Zeit, in der mangelnde Leistungsbereitschaft selten der Grund für Arbeitslosigkeit ist. Ist man der falsche Mann/die falsche Frau zum falschen Zeitpunkt am falschen Ort, werden ganze Niederlassungen und Fachabteilungen geschlossen oder verlagert. Gerade Konzerne kaufen mit großer Regelmäßigkeit Wettbewerber auf und sehen sich mit der Tatsache konfrontiert, dann über zwei Einkaufsabteilungen, Kundenservice-Center oder IT-Bereiche zu verfügen. Wenn Standorte aufgegeben werden, erhalten Mitarbeiter zwar die Möglichkeit, von Berlin nach Brüssel oder von Leipzig nach Liverpool zu ziehen; in den wenigsten Fällen ist das aber eine reelle Option.

Hinzu kommen die demographische Entwicklung sowie die momentane Arbeitsmarktsituation. Während dieses Kapitel entsteht, wird der Mangel an Fachkräften als Wachstumsbremse gesehen. Es wird davon gesprochen, dass eineinhalb bis zwei Millionen Stellen nicht besetzt werden können. Unser Brutto-Sozialprodukt wird um 18,5 Milliarden Euro beeinträchtigt, weil das erforderliche Personal fehlt. In den umliegenden Ländern ist die Arbeitsmarktlage im Sinne der Personalknappheit noch dramatischer. Hat jemand früher gemeint, die offenen Stellen mit Facharbeitern aus Osteuropa besetzen zu können, wird er nun eines Besseren belehrt. Auch in diesen Ländern macht sich der Aufschwung breit, und Polen, Tschechen und Rumänen kehren gut ausgebildet mit westeuropäischem Management-Know-how ins eigene Land zurück – sehr zum Verdruss der Arbeitgeber, die bei diesen Nachbarn häufig eine Arbeitsmoral bemerkt haben, auf die sie ungern verzichten.

Aus all diesen Gründen gewinnt die Initiativbewerbung an Bedeutung. Unternehmen sind weniger leichtfertig mit Absagen. Sie reagieren häufig mit der Aussage, dass die Bewerbung für einen Zeitraum von beispielsweise sechs Monaten aufbewahrt wird. Meistens werden die Bewerbungen gut verwaltet, denn die Firmen verstehen, dass sie einen Ruf zu verlieren haben. Es hat sich herumgesprochen, dass der Mensch positive Erfahrungen acht Mal weitererzählt, negative Erfahrungen aber 20 Mal. Firmen sehen sich zunehmend als Botschafter in eigener Sache. Wenn der Bewerber wieder die Auswahl hat, werden Unternehmen, die Gleichgültigkeit an den Tag legen, als Arbeitgeber einfach ignoriert. Wir sind noch nicht so weit, dass sich „die Unternehmen bei den Kandidaten bewerben", aber die Marktsituation dreht sich. Einige Branchen, Berufsgruppen und High-Potentials können bereits sehr wohl von einem Arbeitnehmer – statt von einem Arbeitgebermarkt sprechen.

Was ist wichtig für den Erfolg Ihrer Initiativbewerbung?

Im dritten Kapitel haben wir uns intensiv mit dem Anschreiben befasst. An erster Stelle habe ich erwähnt, dass der Arbeitgeber wissen möchte, warum sich der Kandidat gerade bei diesem Unternehmen bewirbt. Der Bewerber, der diese Frage im Anschreiben – bei ausgeschriebenen Stellen – nicht beantwortet, ist dem Kandidaten, der Markt- und Unternehmenskenntnisse, Wertschätzung und Respekt dem Arbeitgeber gegenüber zum Ausdruck bringt, klar unterlegen. Wenn dieses bereits bei den Stellenausschreibungen von Bedeutung ist, wie viel mehr dann bei der Initiativbewerbung!

Die Begründung der Bewerbung ist ein Muss! Wenn die Auseinandersetzung mit dem Unternehmen nicht sichtbar wird, verwandelt sich die Initiativbewerbung in einen Bumerang. Schnell verhärtet sich der Eindruck, dass es sich um ein Massenmailing handelt, das im schlimmsten Fall noch an die Personalabteilung gerichtet ist und mit „Sehr geehrte Damen und Herren" beginnt. Solche Fehler provozieren geradezu eine Absage.

Es ist absolut notwendig, dass Sie sich bei der Initiativbewerbung mit dem Unternehmen befassen. Hier reicht keine Standardformulierung wie: „Mit Respekt und Anerkennung habe ich Ihre Unternehmensentwicklung verfolgt." Das hört sich nett an, sagt aber nichts aus. Sie sollten schon tiefer recherchieren und die Aspekte ansprechen, die Sie wirklich begeistern.

Wenn Sie nichts finden, das in Ihren Augen Bewunderung hervorruft, sollten Sie ernsthaft überlegen, ob Sie sich hier bewerben. Sie werden dann für Ihre Recherchen damit belohnt, dass Sie etwa 85 Prozent der Initiativbewerbung identisch verfassen können. Letztendlich peilen Sie jedes Mal eine Stelle als „Sales- und Marketingmanager" an.

Oder Sie schreiben im Betreff: „Initiativbewerbung für den Einkaufsbereich". Anders als bei ausgeschriebenen Stellen gehen Sie nicht von den Anforderungen an eine Position aus, denn Sie wissen nicht, ob eine Position verfügbar ist. Sie selbst sind das „Produkt"! Neben der Begründung, warum Sie sich für diese Firma interessieren, müssen Sie ausführlich beschreiben, wer Sie sind und welche Leistungen Sie für dieses Unternehmen erbringen können.

So finden Sie geeignete Adressen

Lieblingsunternehmen

Mit Sicherheit fällt Ihnen eine Reihe von Lieblingsunternehmen ein. Vielleicht Wettbewerber, die Sie bewundert haben. Möglicherweise handelt es sich um Unternehmen einer anderen oder verwandten Branche, in der Sie Ihre Fähigkeiten einsetzen können. Im digitalen Zeitalter ist es kein Problem, die Internetadresse ausfindig zu machen. Wenn Sie den Ansprechpartner telefonisch erfragen möchten, helfen auch das Telefonbuch oder die Gelben Seiten.

Unternehmen in Printmedien entdecken

Die Lektüre der überregionalen Tages- und Wochenzeitungen, wie der FAZ oder der SZ, ist Pflicht während des Zeitraums der Neu-Orientierung. Stellenanzeigen sagen viel aus, und als Jobhunter sollten Sie die Marktgegebenheiten kennen.

Vielleicht fällt Ihnen auf, dass überdurchschnittlich viele Ingenieure mit der Fachrichtung Elektrotechnik gesucht werden, oder Supply Chain Manager, möglicherweise IT-Projektleiter. Ob viele oder weniger gesucht werden, sagt auch etwas über Ihren Marktwert aus und hilft bei den Gehaltsverhandlungen. Auch stärkt es Sie in Ihrer Wahrnehmung, dass Sie nicht die erstbeste Stelle annehmen sollten.

Die Lektüre der Stellenanzeigen ist vor allem deshalb bedeutsam, damit Sie Unternehmen kennenlernen, die Sie noch nicht kannten. Wenn Sie Einkaufsleiter für technische Investitionsgüter sind, ist es unmöglich, den gesamten Arbeitsmarkt in der Bundesrepublik zu kennen. Bei der Lektüre der Stellenanzeigen fällt Ihnen plötzlich ein Unternehmen Ihrer Branche auf, das Sie von der Beschreibung her anspricht –, aber eine Sekretärin sucht. Nun haben Sie eine interessante Adresse für eine Initiativbewerbung gefunden, gar mit genauer Anschrift sowie aktuellen Angaben über den Personalleiter.

Was lesen Sie aus einer Anzeige?

Einmal sagt die Größe etwas über die Finanzkraft des Unternehmens aus. Eine viertelseitige farbige Anzeige in der FAZ kostet um die 15 000 Euro. Wenn ein Unternehmen bereit ist, dieses Geld zu investieren und in diesem oder anderen Medien Anzeigen zu schalten, signalisiert es ein starkes Wachstum. In diesem Unternehmen sind mit hoher Wahrscheinlichkeit Bedarfe zu vermuten.

Eine Anzeige wirkt natürlich auch durch die Gestaltung. Möglicherweise weckt die Unternehmensdarstellung bei Ihnen Sympathie und bietet somit erste Ansätze für den Einstieg in das Anschreiben. Manche Unternehmen inserieren halb- oder ganzseitig und suchen viele Stellen auf einmal. Damit bringen sie zum Ausdruck, dass ihr Geschäft stark expandiert. Wenn sich diese non-verbale Aussage mit den sonstigen Wirtschaftsberichten deckt, gewinnen Sie ein gutes Verständnis über die Arbeitsmarktsituation und somit Ihre Chancen.

Wichtig: Beachten Sie, welche Ihrer Stärken gefragt sind. Müssen Sie glücklich sein, überhaupt eine Stelle zu finden oder zeichnet sich ab, dass zahlreiche Unternehmen Bedarf an Ihren Qualifikationen haben? Über diese Fragen sollten Sie nachdenken.

Fachzeitschriften und Wirtschaftszeitungen

Lesen Sie während der Zeit der Bewerbung Fachzeitschriften und Wirtschaftszeitungen besonders aufmerksam durch. Die Wirtschaftswoche, aber auch das Manager Magazin oder der Wirtschaftsteil im SPIEGEL sowie die digitalen Pendants sind exzellente Anlaufstellen. Sie erfahren, welche Unternehmen sprunghaft wachsen, wo neue Niederlassungen eröffnet und welche Hauptstellen verlagert werden und neues Personal suchen. Wenn Sie diese Tatsachen in Ihr Anschreiben integrieren, ist Ihnen die Aufmerksamkeit sicher.

Um Unternehmen zu entdecken, bei denen sich eine Bewerbung lohnt, sollten Sie auch den Service führender Karriere-Portale wie Jobware nutzen. Sie können Such-Assistenten oder Job-Mailer beauftragen, Ihnen eine Nachricht zu übermitteln, wenn ein bestimmtes Stichwort fällt. Dieses kann sich auf die Branche beziehen (z.B. Medizintechnik), auf den favorisierten Ort (z.B. Dortmund) und natürlich auch auf die Stellenbezeichnung (z.B. Qualitäts-Manager). Ihrer Kreativität sind keine Grenzen gesetzt. Kommen Sie aus Frankreich? Dann empfiehlt es sich, dass Sie eine Benachrichtigung für alle Anzeigen anfordern, in denen das Wort „französisch" im Text enthalten ist.

Wichtig: Such-Assistenten und Job-Mailer dienen Ihnen nicht unbedingt die Stellen an, auf die Sie sich bewerben sollen (obwohl dieses auch möglich ist), jedoch finden Sie mit ihrer Hilfe zweifelsohne interessante Unternehmen. Vorteil für Sie: Sie verfügen nun über die genaue E-Mail-Adresse des Ansprechpartners (natürlich kann es auch sein, dass Sie auf ein Online-Formular verwiesen werden) und können – wenn Sie keine Papierbewerbung senden wollen –, eine digitale Fassung verschicken. Sie verfügen meistens über Vorname, Nachname und die persönliche E-Mail-Adresse des Empfängers. Die Qualität der Adresse ist meistens um ein Vielfaches besser als eine „allgemeine" E-Mail-Adresse wie:

info@unternehmen.com
bewerbung@firma.de
personal@betrieb.biz

Karriere-Portale im Internet:
Such-Assistenten oder Job-Mailer aktivieren

Karriere-Portale wie www.jobware.de verdienen ihr Geld schwerpunktmäßig mit dem Veröffentlichen von Stellenanzeigen. Gemäß ihrem Geschäftsmodell sind sie mit den überregionalen Tageszeitungen vergleichbar. Wenn Sie zur Gruppe der Fach- und Führungskräfte zählen, gehört das Karriere-Portal Jobware ebenso zur Pflichtlektüre wie im Printbereich die FAZ. Sie lernen, welche Unternehmen und Branchen aktuell Mitarbeiter benötigen. Sie verfolgen, welche Projekte und Trends den Markt bewegen.

Jobguide

Der Jobguide (www.jobguide.de) ist ein guter Einstieg in die Unternehmenswelt in Ihrer Gegend, zumal Sie ihn nach geographischer Lage bestellen können. Es werden jeweils an die 100 Unternehmen vorgestellt. Es gibt ihn auch für ganz Deutschland (400 auserwählte Unternehmen) oder für spezifische Bereiche, beispielsweise der Jobguide Engineering mit 200 Portraits. Zum einen gewinnen Sie einen

Eindruck von deren Selbstdarstellung, etwa im Internet, zum anderen haben Sie handfeste Kontaktdaten Ihres Ansprechpartners mit Rufnummer und Durchwahl. Häufig ist die persönliche E-Mail-Adresse angegeben. Für weniger als zehn Euro erhalten Sie wohl kaum sonst so viele Informationen über die Unternehmenskultur, den Firmenhintergrund sowie Anforderungen an Bewerber. Nach der Lektüre fällt es Ihnen sicher leichter, den Einstieg in das Anschreiben zu verfassen.

Deutschlands beste Arbeitgeber

Seit einigen Jahren wird der Wettbewerb „Great Place to Work" durchgeführt. Interessierte Unternehmen können sich anmelden, die Gewinner seit 2003 sind im Internet abrufbar:

www.greatplacetowork.de/best/list-de.htm

Die Printversion aus dem Jahr 2004 ist nicht mehr ganz aktuell, gibt aber näheren Einblick in die Unternehmenshintergründe. Firmen werden beispielsweise nach Teamorientierung, Glaubwürdigkeit des Managements, Respekt und Fairness bewertet. Auch hier finden Sie folglich eine Fülle an Informationen, die Ihnen bei der Unternehmensauswahl helfen können. Darüber hinaus erhalten Sie reichlich Ansätze, wie Sie ein Anschreiben individuell verfassen können. Auch finden Sie in diesem Buch – wie bei TOP-Companies oder Jobguide – detaillierte Angaben zu den Personen, an die Sie eine Bewerbung senden können. Es empfiehlt sich natürlich, diese auf Aktualität zu prüfen.

TOP-Companies bei Karriere-Portalen

Unternehmen, die massiven Bedarf an Fach- und Führungskräften haben, investieren in den Aufbau ihres Images als Arbeitgeber insbesondere auch im Internet. Karriere-Portale bieten Unternehmen hierzu die Möglichkeit, sich umfassend in einer speziellen Rubrik darzustellen, so Jobware in der Rubrik TOP-Companies. Neben ausführlichen Unternehmensbeschreibungen und relevanten Daten erhalten Sie Kontaktadressen und – soweit ausgeschrieben – Infos über aktuelle Stellenangebote, Praktikumsangebote, Studienjobs und Ausbildungsplätze.

Gerne nutzen Unternehmen die Möglichkeit, Ihre Stellenanzeigen oder das Firmenprofil zur Demonstration der Unternehmenskultur mit Videobeiträgen zu untermauern.

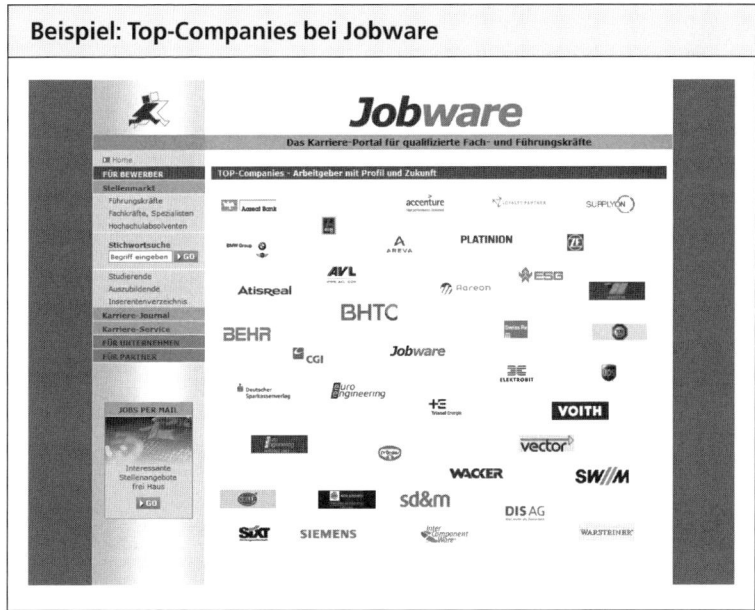

Verzeichnisse

Letztendlich kann es sinnvoll sein, auf die üblichen Branchenverzeichnisse – auch online – zurückzugreifen. Wenn Sie beispielsweise als Rechtsanwalt in einer Kanzlei arbeiten möchten, die sich geographisch nicht weiter als eine halbe Stunde von Ihnen entfernt befinden soll, können Sie sich – wie beim früheren Telefonbuch – auch der elektronischen „Gelben Seiten" bedienen: www.gelbeseiten.de

Allerdings sind Sie gezwungen, anzurufen und die zuständige Person für Ihre Bewerbung zu erfragen.

www.hoppenstedt.de

Das mit Abstand umfassendste Verzeichnis finden Sie bei Hoppenstedt. Deutschlands Unternehmen sind in Großunternehmen und Mittelständische Unternehmen gegliedert. Sie können zum Beispiel nach folgenden Kriterien suchen:

■ Ort

■ Branche

■ PLZ

■ Bundesland

- Kreis
- Geschäftstätigkeit
- Umsatz in Millionen
- Rechtsform
- Niederlassungen

Für das jeweilige Unternehmen finden Sie genaue Unternehmensdaten, Kontaktpersonen und Adressangaben.

Die Informationen sind auf CD oder online zugänglich (Sie können sich sieben Tage kostenlos von der Qualität überzeugen). Für viele wird der Preis in Höhe von etwa 500 Euro pro CD das Budget übersteigen. Deshalb fragen Sie doch mal in Ihrer Bücherei nach; in vielen Städten sind die CDs vorrätig und können nach Belieben in der Bücherei in Anspruch genommen werden.

Potentielle Arbeitgeber genau kennenlernen

Vielleicht benötigen Sie noch weitere Anhaltspunkte, bevor Sie Ihre Initiativbewerbung versenden möchten? Möglicherweise haben Sie eine Einladung erhalten und wollen nun gut informiert antreten?

Firmenauskünfte

Informationen, die früher mühsam zusammengesucht werden mussten, sind heute per Mausklick abrufbar. Wenn Sie bei Internetsuchmaschinen „Firmenauskunft" eingeben, werden Sie mit einigen zehntausend Angeboten konfrontiert, die Ihnen von Bonitätsprüfungen über Umsatzentwicklungen bis hin zu Auszügen aus dem Handelsregister alles anbieten – für wenig Geld! Es kann sinnvoll sein zu wissen, mit welchem Stammkapital ein Unternehmen gegründet wurde, wer der Inhaber ist und welche Umsätze verzeichnet werden. Persönlich habe ich selbst in Vorstellungsgesprächen schon überrascht, indem ich unveröffentlichte Umsatzzahlen kannte.

Informationsbroschüren anfordern

Sie werden kaum andere Angaben erhalten als diejenigen, welche Sie bereits aus dem Internet kennen. Dennoch zeigen die Gestaltung, die Papier- und Druckqualität sowie die „Gesamtprofessionalität" (dazu zähle ich auch den Eindruck, den Sie am Telefon gewonnen haben, die Dauer der Sendungen, den Text des Begleitschreibens u. Ä.), mit welchem Unternehmen Sie Kontakt aufgenommen haben.

Jahresbericht

Bei Aktiengesellschaften können Sie den Jahresbericht anfordern; er ist häufig als Download im Internet zu erhalten. Dennoch gilt auch hier: Bei einer Zusendung kann ein Unternehmen seine Dienstleistungsqualität unter Beweis stellen.

Produkte ausprobieren

Das ist natürlich nur in begrenztem Maß möglich. Was sich bei Konsumgütern noch gestalten lässt, ist beim Kauf einer Ölpumpe für den Wüsteneinsatz oder beim Erwerb eines ERP-Systems für die Konzernwelt weniger gut möglich.

Persönlich habe ich aber einmal eine Kosmetikfirma davon überzeugt, dass ich mich mit ihr auseinandergesetzt hatte, als ich beim Vorstellungsgespräch mit ihren Make-up-Produkten (von meiner Frau getestet) erschienen bin.

Bei einem Versandhaus bin ich vor dem Vorstellungsgespräch Kunde geworden und konnte mich so von der Dienstleistungsqualität des Callcenters sowie von der Lieferbereitschaft, der Kommunikation (Werbebriefe) und der Produktqualität überzeugen.

Einfach selbst vorbeischauen

Wenn Sie in Aachen wohnen, werden Sie nicht nach Zwiesel fahren, um das Unternehmen im Vorfeld zwecks Bewerbungsaktivitäten anzuschauen. Sollte es möglich sein, kann ich es jedoch sehr empfehlen. Schauen Sie doch einmal:

- Welche Autos stehen vor der Tür?
- Welche Arbeitskleidung wird getragen?
- Laufen die Damen im Kostüm herum und die Herren im dreiteiligen Anzug? Oder sind Sie geradezu erstaunt über das Fehlen der Krawatten und den saloppen Jeans-Look?
- Machen die Mitarbeiter einen zufriedenen, fröhlichen Eindruck? Oder laufen alle mit ernster Miene herum?
- Wie wirkt das Firmenklima auf Sie?

Manchmal lädt eine Eingangshalle zum Verweilen ein. Sie können unbemerkt Platz nehmen und beobachten. Es kann auch sinnvoll sein, dass Sie bei Arbeitsbeginn, in der Mittagszeit oder am Feierabend vorbeischauen.

Die Architektur sagt ebenfalls etwas über die Kultur aus:

- Wie groß sind (oder scheinen) die Büros?
- Wie hell sind die Räumlichkeiten? Ist alles (nur) auf Effektivität getrimmt und wurde kein Platz „verschenkt"?
- „Atmet" das Gebäude?
- Was ist ein Mensch in diesem Unternehmen wert?

2. Den Lebenslauf bei führenden Karriere-Portalen hinterlegen

Ein Karriere-Portal ist eine Art Marktplatz im Internet, wo Stellenanzeigen veröffentlicht werden, wie bei großen Tageszeitungen. Viele Unternehmen schalten Anzeigen parallel – sowohl in den Printmedien als auch online, andere veröffentlichen nur noch online. Unternehmen überlegen sich durchaus, in welcher Zeitung sie inserieren; die gleichen Kriterien sind ausschlaggebend für die Entscheidung, welches Karriere-Portal geeignet sein könnte.

Jobware ist beispielsweise das Karriere-Portal mit einem hohen Anteil an Anzeigen für Führungskräfte und Professionals (58,9 Prozent). Hingegen publizieren andere Jobbörsen wie Monster oder Stepstone ein breiteres Spektrum, der Anteil an Positionen für Sachbearbeiter ist beispielsweise bei JobScout24 am höchsten (59,2 Prozent) – so die Fachhochschule Koblenz in ihrer Analyse „Jobbörsen im Vergleich". Darüber hinaus gibt es kleine Nischenjobbörsen, die den Bedarf spezieller Branchen abdecken, wie etwa www.hotelcareer.de oder www.kliniken.de.

Die wahren Vorzüge der Karriere-Portale

Ein großer Vorteil für Arbeitsuchende besteht darin, nicht – wie es bei den Stellenanzeigen der Printmedien notwendig, – die gesamte Zeitung zu durchforschen, um zur Ausbeute zu gelangen. Karriere-Portale bieten bequemere Wege, die Informationen in den dahinter liegenden Datenbanken zu selektieren. Entweder Sie geben spontan eine Berufsbezeichnung, ein Bundesland, eine Branche oder ein selbst definiertes Stichwort ein oder Sie aktivieren die bereits beschriebenen Job-Mailer und Such-Assistenten, die Ihnen automatisch jeweils die passenden Angebote per E-Mail zusenden.

Für Karriere-Portale ist es wichtig, die Attraktivität ihrer Seiten durch redaktionelle Inhalte und Zusatzdienstleistungen zu erhöhen. Deshalb werden – teils unentgeltlich, teils gegen Bezahlung – Services angeboten, etwa Bewerbungstipps, Gehaltschecks, Zeugnisüberprüfungen, Firmenportraits.

Wichtig: Darüber hinaus versuchen viele Karriere-Portale, den interessierten Bewerbern eine weitere Option einzuräumen: Bei einigen Jobbörsen haben Kandidaten die Möglichkeit, ihren Lebenslauf bei den Portalen zu hinterlegen – und zwar kostenlos! Die Personalberater und Arbeitgeber, die in diesem Teich „fischen" möchten, erwarten Qualität und zahlen dafür teilweise erhebliche Gebühren.

Aktuelle und qualitätvolle Bewerberdaten

Es verwundert nicht, dass Karriere-Portale daran interessiert sind, möglichst hochwertige Bewerberdaten anzubieten, nur dann sind sie wirklich attraktiv, hilfreich und wertvoll. Karteileichen sind ein großer Feind, daher werden die Bewerber aufgefordert, ihre Daten regelmäßig zu aktualisieren.

Die interessierten Unternehmen, die für den Zugriff auf die Bewerberdaten gutes Geld bezahlen, werden mit technischen Hilfsmitteln unterstützt. So können sie Such-Assistenten aktivieren und beispielsweise neue Bewerberprofile aus einem bestimmten Postleitzahlenbereich bekommen. Natürlich können auch Stellenbezeichnungen der Bewerber eingegeben werden. Diesen „Headlines" kommt eine besondere Bedeutung zu, da sie in erster Instanz darüber entscheiden, ob sich das suchende Unternehmen näher mit dem Profil befassen wird. Auch die letzte Aktualisierung spielt eine Rolle, da in dieser Weise klar wird, dass der Bewerber sich um sein Profil kümmert.

Das individuelle Job-Profil

Die Möglichkeit, Ihr „Profil" bei einem Job-Portal zu hinterlegen, sollten Sie nicht auslassen. Die Karriere-Portale sind unterschiedlich aufgebaut. Bei manchen ist die Datenbankstruktur recht rigoros vorgegeben, was nicht unbedingt von Nachteil sein muss.

Wichtig: Vor allem für geradlinige Lebensläufe mit offensichtlichen Alleinstellungsmerkmalen (Ausbildung, MBA, Promotion) kann es von Vorteil sein, wenn sie rasch gefunden werden. Ist der Lebenslauf eher erklärungsbedürftig, wird der Bewerber die Datenbank möglicherweise als „Korsett" empfinden und lieber auf eine Alternative ausweichen, die mehr Gestaltungsspielraum zulässt.

Zunächst bieten die Jobbörsen die Wahl, ob ein Profil anonym oder transparent, also „sichtbar" angelegt wird. Beim anonymen Profil werden die Kontakt- und Namensdaten nicht preisgegeben. Der Arbeitgeber oder Personalberater weiß nicht, mit wem er es zu tun hat, und ist darauf angewiesen, dass Sie sich mit ihm – auf seine Kontaktaufnahme hin – in Verbindung setzen. Das Prinzip ist mit einer Chiffre-Anzeige in der Zeitung zu vergleichen. Sie werden per E-Mail oder gar zusätzlich per SMS benachrichtigt, wenn jemand Sie kontaktieren möchte.

Alternativ, wenn es für Sie keine Nachteile hat (weil Sie beispielsweise noch in einem ungekündigten Arbeitsverhältnis stehen), können Sie Ihren Lebenslauf auch mit Ihren Kontaktdaten anlegen und gar ein Bewerbungsbild hochladen.

Je nachdem, wie das Job-Portal die Dateneingabe ermöglicht, haben Sie die Gelegenheit, sich umfassend darzustellen. Sie sollten Ihr Anschreiben, den Lebenslauf sowie eine dritte Seite im Word-Format aufbereiten. Achten Sie darauf, wie Sie Ihren derzeitigen oder auch früheren Arbeitgeber beschreiben. Statt von „Bosch" reden Sie vielleicht lieber von einem bedeutenden Automobilzulieferer, statt nur „Siemens" bevorzugen Sie besser „globaler Technologiekonzern". Beim Ausfüllen können Sie – wenn Sie Glück haben – manche Sätze, Daten oder gar Seiten hineinkopieren. Manchmal werden Sie aber gezwungen, den Lebenslauf recht mühsam für jede berufliche Station zu erfassen.

Praxis-Tipp:

Suchen Sie sich das Job-Portal, in dem Sie sich am besten präsentieren können. Legen Sie gleich mehrere Profile an und pflegen Sie Ihre Daten regelmäßig.

Marketing in eigener Sache

Mit welcher Rückmeldung können Sie rechnen? Natürlich ist es schwierig, eine globale Aussage zu treffen. Wie immer kommt es auf Ihre Qualifikation, die Tätigkeit, die Sie ausüben, die Formulierung, den Werdegang und andere Kriterien an. Bei etwa 80 Prozent der suchenden Unternehmen handelt es sich um Personalberater oder auch Personalüberlassungsunternehmen. Der Rest sind Unternehmen, die versuchen, auf diesem Weg Vakanzen zu füllen und neues Potential zu finden. Sie können aber im Normalfall schon davon ausgehen, dass Sie einige Male pro Monat angeschrieben werden. Gerade bei anziehender Konjunktur, im demographischen Wandel oder bei fehlenden Fachkräften, ist es auf jeden Fall sinnvoll, dass Sie die Option, Ihr Profil zu hinterlegen, parallel zu anderen Bewerbungsinitiativen verfolgen.

Wie im gesamten Bewerbungsprozess gibt es nie die Möglichkeit, dass „jemand" oder „irgend etwas" für Sie arbeitet (sei es ein Outplacement-Büro, ein Headhunter oder eben ein hinterlegtes Profil). Sie müssen sich aktiv mit Ihren realen und virtuellen Auftritten befassen. So bieten die meisten Job-Portale eine Erfolgsstatistik. Das bedeutet, Sie können jeweils feststellen, wie viele Interessenten sich Ihr Profil angeschaut haben. Diese Erfolgkontrolle sollten Sie strategisch auswerten. Sammeln Sie doch Erfahrungen, welche Stellenbezeichnung auf einen Bedarf trifft. Bei manchen Headlines scheint wenig Spielraum zu sein. Aber auch der Kaufmännische Leiter kann mal schauen, welche Erfolgsquote er mit CFO, Kaufmännischer Direktor, Finanzleiter oder Financial Manager erzielt. Der Leiter Materialwirtschaft untersucht einmal die Reaktionen auf Supply Chain Manager, Material Manager, Demand Planning, Inventory Control, Logistikleiter oder gar Operations Manager.

> **Praxis-Tipp:**
>
> Ihre derzeitige Tätigkeit müssen Sie nicht zwingend angeben. Sie können auch die Job-Titles Ihrer angestrebten Position erwähnen, falls Sie dafür die erforderliche Qualifikation mitbringen.

Mehrgleisig denken – karriereorientiert handeln

Wahrscheinlich hinterlegen Sie Ihr Profil bei verschiedenen Karriere-Portalen. Somit können Sie die Erfahrungen, die Sie aus der einen Börse sammeln, auf das nächste Profil übertragen. Fast alle Karriere-portale bieten Ihnen die Möglichkeit, mehrere Profile (etwa fünf) anzulegen. Das ist auch sinnvoll. Vor allem, wenn Sie bereits im Product-Management gearbeitet haben, dann in den Bereich Marketing gewechselt, anschließend die Sales-Verantwortung übernommen haben, um letztendlich in dem Bereich Business-Development zu landen.

Vielleicht können Sie sich vorstellen, bei einem interessanten Unternehmen Marketing-Director zu werden. Legen Sie einfach ein entsprechendes Profil an. Ein weiteres Profil könnte Sales & Marketing Manager sein (oder gar mutig: Geschäftsführer Marketing und Vertrieb). Sie sehen: Ihrer Kreativität sind keine Grenzen gesetzt und Sie betreiben Marketing in eigener Sache. Aufgrund der unterschiedlichen Profile mit wechselnden Headlines bleibt Ihr Profil aktuell. Die Chance ist groß, dass Sie von den passenden Unternehmen gefunden werden.

Praxis-Tipp:

Bleiben Sie am Ball und beobachten Sie, wie sich die Landschaft der Job-Portale ändert. Es ist sinnvoll, wenn Sie sich für einige führende Jobbörsen entscheiden. Diese ergänzen Sie um kleinere Portale, die Ihr Fachgebiet repräsentieren.

Jobware bietet qualifizierten Kandidaten statt einer klassischen Bewerberdatenbank ein exklusives Kandidaten-Netzwerk. Überzeugen Ihre Bewerbungsunterlagen die Berater der hauseigenen Personalberatung Jobware Consult, erhalten Sie sogar persönliche Unterstützung bei der Suche nach einer neuen Position und Zugang zu Top-Angeboten. Ihre Angaben werden dabei absolut vertraulich behandelt, die Mitgliedschaft im Kandidaten-Netzwerk ist für Sie kostenlos.

Unternehmen wie Manager Lounge, die versucht haben, Qualität zu garantieren, indem sie die Daten handverlesen (nach einem telefonischen Interview) freigaben, sind mit ihrem Modell an den finanziellen Rahmenbedingungen gescheitert.

Pluspunkte durch gutes Benehmen – auch in der digitalen Welt

Auch wenn Sie der Meinung sind, dass ein Angebot eher nicht stimmig ist, zeigen Sie gutes Benehmen, indem Sie dennoch reagieren. Beim suchenden Unternehmen kommt dann kein Frust wegen einer Nicht-Reaktion auf. Machen Sie einen guten Eindruck, werden Sie darüber hinaus vielleicht in eine Datenbank aufgenommen, und man kommt das nächste Mal auf Sie zurück. Anstand, auch in der digitalen Welt, ist gern gesehen. Es ist immer wertvoll, wenn Sie in guter Erinnerung bleiben.

3. Kontakt aufnehmen zu Headhuntern

Wie kann ein Headhunter zu Ihrem beruflichen Erfolg beitragen? Welche Möglichkeiten einer Kontaktaufnahme gibt es? Was ist zu beachten? Und was ist unbedingt zu vermeiden?

Der Begriff Headhunter

Das Wort Headhunter löst noch immer unterschiedliche Reaktionen und Fragen aus: Besetzen diese nicht nur Vorstandspositionen in DAX-Unternehmen? Ist das Geschäft seriös? Kann ich Kontakt zu ihnen aufnehmen? Der Headhunter soll doch die Initiative ergreifen? Oder gar: Kann ich einen Headhunter „beauftragen" für mich eine Stelle zu suchen?

Der Begriff Headhunter wird von der Branche selbst ungern verwendet, sie spricht eher von Executive Search Consultants oder einfach von Personalberatern. Ich werde die Begriffe gleichbedeutend, austauschbar und wertfrei gebrauchen.

Warum arbeiten Unternehmen mit einem Headhunter?

Headhunter-Dienstleistungen werden seit 1960 auch in Europa zunehmend in Anspruch genommen. Unternehmen wie Spencer Stuart waren schon vorher auf dem amerikanischen Markt etabliert. Egon Zehnder (Gründer des nach ihm benannten Unternehmens) hat das Angebotsspektrum u.a. in die Alte Welt gebracht und salonfähig gemacht.

Firmen nehmen den Service in Anspruch,

■ wenn es dem Unternehmen selbst nicht gelingt, eine offene Stelle adäquat zu besetzen.

- wenn Diskretion gefordert ist und das Unternehmen selbst nicht in Erscheinung treten möchte.

- wenn – neuerdings immer mehr – weder Zeit noch Ressourcen zur Verfügung stehen, um eine qualifizierte Suche vorzunehmen.

Zusammenarbeit zwischen Headhunter und Kunde

Es ist erfolgsentscheidend, dass ein Jobhunter die Grundzüge der Zusammenarbeit zwischen Headhunter und Unternehmen versteht.

- Auftragsvergabe: Das Unternehmen definiert den Bedarf. Der Headhunter erstellt daraufhin eine Stellenbeschreibung mit Anforderungsprofil oder häufig, wesentlich ausführlicher, ein Exposé.

- Das Honorar: Es kann unterschiedlich festgelegt werden, je nach Schwierigkeitsgrad der zu besetzenden Stelle (unabhängig vom Gehalt, aber in Tranchen – mehr dazu später), als Prozentsatz vom Jahresgehalt des zu akquirierenden neuen Mitarbeiters nach Vertragsunterzeichnung oder sogar – no cure, no pay – lediglich auf Erfolgsbasis (wovon sich die etablierten Headhunter distanzieren).

- Präsentation der Kandidaten: Der Headhunter stellt drei bis fünf Kandidaten vor, aus deren Runde der Kunde eine Auswahl trifft.

Die Branche entwickelt sich derzeit in zwei Richtungen. Auf der einen Seite findet Wachstum und Professionalisierung statt. Die Konjunktur springt an, die Verknappung auf dem Arbeitsmarkt nimmt zu und die Headhunter profitieren davon. Andererseits sind manche Unternehmen nicht länger bereit, die üppigen Honorare zu zahlen. Aufgrund der Globalisierung werden auch in Deutschland Praktiken gefordert, die beispielsweise in Großbritannien nicht unüblich sind:

Der Personalberater verschickt Bewerberprofile als PDF-Datei, ist häufig bei den Gesprächen nicht anwesend und stellt nur dann seine Rechnung (allerdings zu einem reduzierten Tarif), wenn die Vermittlung zum Erfolg geführt hat. Andere Kunden weichen gar auf Personalüberlassungsunternehmen aus und beauftragen diese mit der Suche (mehr dazu unter Punkt 8). Trotz dieser Verschiebung sind die Executive Search-Unternehmen aber optimistisch und sehen für 2008 ein Wachstum zwischen zehn Prozent und 20 Prozent.

Was zeichnet Headhunter aus, was unterscheidet sie?

Es gibt in Deutschland etwa 1 800 Unternehmen, die auf das Executive Search-Geschäft spezialisiert sind. Wir haben festgestellt, dass es sehr große Unterschiede gibt.

- Hierarchie/Ebene
  Top-Beratungen werden zwar auf unterschiedlicher Ebene tätig, verlangen dafür aber mindestens ein Honorar in Höhe von 70 000 Euro. Die Grandseigneurs der Branche besetzen fast ausschließlich Vorstandspositionen bei börsennotierten Unternehmen und verlangen dafür mindestens sechsstellige Honorare.

- Branche
  Viele Headhunter sind auf bestimmte Branchen spezialisiert; Michael Page hatte seine Anfänge z.B. im Finanzbereich.

- Direktansprache oder anzeigenunterstützt
  Unternehmen, die auf Direktansprache spezialisiert sind, betrachten Personalberater, die Anzeigen schalten, als eine andere Liga.

- Zentrale oder regionale Präsenz
  Einer der „Großen" der Branche, Ray & Berndtson, unterhielt lange Zeit nur eine Niederlassung in Frankfurt/Main, allerdings mit mehr als hundert Mitarbeitern.

- Zusatzdienstleistungen
  Manche Headhunter bieten Management Appraisals an, unterstützen bei der Organisationsentwicklung, erstellen Gehaltsstudien u. Ä.

- Unternehmensgröße
  Konzern (teilweise an der Börse notiert wie Heidrick & Struggles), größere Unternehmen – teils mit internationaler Verflechtung, kleinere lokale Unternehmen oder gar Ein-Mann-Firmen.

Wichtig: Seien Sie nicht voreilig und glauben Sie nicht, dass Ein-Mann-Unternehmen grundsätzlich uninteressant seien. Häufig handelt es sich dabei um Mitarbeiter, die aus Großkonzernen ausgeschieden sind, die Unternehmenskultur kennen und somit optimal einschätzen können, ob die Kandidaten ins Unternehmen passen. Über solche Kleinunternehmen konnte ich beispielsweise mit Adidas und Hella in Verbindung treten.

Beispiel:

Ich wurde zum Vorstellungsgespräch bei Ray & Berndtson nach Frankfurt geladen. Das Gebäude vermittelte den Eindruck einer modernen Hotel-Kette. Die Rezeption war mit mehreren Empfangsdamen besetzt. Diese hatten jeden Besucher eingetragen.

Diskret wurde ich in ein Wartezimmer gebracht. Der Raum war so groß wie in einer Arztpraxis – allein für mich. Eine Gelegenheit für eine letzte Einstimmung auf das bevorstehende Gespräch. Ein Zeitungsständer enthielt Informationsmaterial.

Nach einiger Zeit erschien die Empfangsdame und begleitete mich zum Aufzug. Das Gebäude erstreckte sich über mehrere Stockwerke. Sie öffnete mir die Tür zu einem Konferenzraum. Ich trat ein. Ein ovaler Tisch, ein Flip-Chart und etwa zehn Stühle füllten den Raum. Meine Bühne für die kommenden eineinhalb Stunden.

Kurze Zeit darauf betraten die Assistentin des Beraters, mit der ich bis dahin Kontakt hatte, sowie der Partner den Raum. Das Gespräch begann …

Bewerber und Headhunter: Wie gelingt die Zusammenarbeit?

Lassen Sie uns vorab ein Missverständnis klären: Ein Headhunter arbeitet lediglich für seinen Auftraggeber. Deshalb kann der Bewerber einen Headhunter nicht „beauftragen", für ihn eine Stelle zu suchen. Das Berufsethos verlangt vom Berater, dass er nur für seinen Kunden aktiv ist und für ihn den besten Kandidaten findet.

Dennoch sind viele Executive Search Consultants froh, wenn sie mit qualifizierten Kandidaten in Kontakt kommen. Thomas Deininger, 2005 Präsident der VDESB – Verein Deutscher Executive Search Consultants – erklärt z.B. in Jobguide (www.jobguide.de), dass es gewiss kein Tabu darstellt, wenn ein Kandidat selbst mit Headhuntern in Verbindung tritt.

Die Tatsache, dass hier ein Wandel eintritt und die Kontaktaufnahme von Personalberatern durchaus erwünscht wird, ist auch in der Fachpresse, etwa in Zeitschriften wie „Karriere", dokumentiert.

Es wäre dennoch verfehlt, die initiative Bewerbung an den Headhunter fordernd zu gestalten. Dieser will verstanden wissen, dass er primär (oder besser: ausschließlich) im Mandantenauftrag handelt. Wenn Berührungspunkte zu Kundenaufträgen vorhanden sind – und dieses kann durchaus der Fall sein: Michael Page bearbeitet beim Verfassen dieses Buches lt. Website z.B. über 2400 Suchaufträge allein in Deutschland –, ist er aber sehr gern bereit, pro-aktive Kontaktaufnahmen zu berücksichtigen.

Wichtig: Eine Kontaktaufnahme zum Headhunter ist für den Bewerber niemals mit Kosten verbunden; der Personalberater wird vom Unternehmen (Kunden/Mandanten) beauftragt und nur von ihm bezahlt.

Den richtigen Headhunter finden

Zunächst sollten Sie in der Lage sein, Ihren Marktwert realistisch einzuschätzen. Wenn Sie als Global-Sourcing Manager im Automotive-Bereich bei einem großen Hersteller 130000 Euro p. a. verdienen, sollten Sie nicht mit Dieter Rickert, Jürgen Mulder oder Hermann Sendele in Verbindung treten. Es spricht aber nichts dagegen, wenn Sie Kontakt mit den Top-Beratungen Heidrick & Struggles, Ray & Berndtson oder gar Egon Zehnder aufnehmen, vor allem wenn Sie in spezifischen Branchen (beispielsweise im Direktvertrieb) oder in seltenen Positionen (etwa Regulatory Affairs Manager in der Pharmaindustrie) tätig sind. Dann ist die Chance groß, dass Sie in eine Datenbank aufgenommen werden.

Gute Anlaufstellen

Top-Personalberater: Mit etwas Glück finden Sie eine der vielen Übersichten der Top-Personalberater in den Zeitschriften Capital, Wirtschaftswoche, Karriere, in Jobguide oder in führenden Tageszeitungen und über das Internet.

Renommierte Personalberatungen in Deutschland		
Unternehmen	Position/Aufgabe	Branche
Board Consultants International	Oberste Führungs-ebene, 1. und 2. Füh-rungsebene	Automobil, Finanz-dienstleistungen, Bil-dung, Non-Profit-Or-ganisationen, Chemie, Handel, IT & Telekom, Konsumgüter, Ma-schinenbau, Medien, Mode & Lifestyle, Pharma, sonstige Dienstleistungen, Logistik
Delta Management Consultants	1. bis 3. Führungs-ebene, Spezialisten	Alle Branchen
Egon Zehnder International	Obere Führungsebene	Finanzdienstleistun-gen, IT & Telekom, Pharma/Gesundheit, Konsumgüter, Indus-trie, sonstige Dienst-leistungen
Gemini Executive Search	Fach- und Führungs-kräfte	Alle Branchen
Heads! GmbH & Co.	1. bis 3. Führungsebene	Konsumgüterindustrie, Handel, Automobil, Finanzdienstleistun-gen, Technologie, Medien, sonstige Dienstleistungen
Heidrick & Struggles	1. und 2. Führungs-ebene	Alle Branchen
Kienbaum Executive Consultants	Fach- und Führungs-kräfte, Spezialisten	Finanzdienstleistun-gen, Medien, Konsum-güter, Pharma/Gesund-heit, Industrie, Tech-nologie, Energiewirt-schaft, Chemie, Konstruktionen

noch: Renommierte Personalberatungen in Deutschland

Unternehmen	Position/Aufgabe	Branche
Korn/Ferry International	Obere Führungsebene	Alle Branchen
Mercuri Urval	Fach- und Führungs-kräfte, Spezialisten	Alle Branchen
Ray & Berndtson	Fach- und Führungs-kräfte, Spezialisten	Konsumgüter, Handel, Energiewirtschaft, Finanzdienstleistungen, Pharma/Gesundheit, IT & Telekom, Industrie, sonstige Dienstleistungen, öffentliche Einrichtungen
Russell Reynolds Associates	Obere Führungsebene, erfahrene Spezialisten	Industrie, Konsumgüter, IT, Finanzdienstleistungen, Gesundheit, Non-Profit-Organisationen
Signium International	1. und 2. Führungs-ebene, Spezialisten	Industrie, Dienstleistung, Handel, Non-Profit-Organisationen, öffentliche Einrichtungen
Steinbach & Partner	Fach- und Führungs-kräfte, Spezialisten	Alle Branchen

www.bdu.de (Bundesverband Deutscher Unternehmensberater e.V.): Hier führt die Mitgliedsliste direkt zu den angeschlossenen Unternehmens- und Personalberatungen. Natürlich ist die Arbeit damit nicht getan. Sie müssen prüfen, ob die Beratung für Sie geeignet ist und gegebenenfalls anrufen, um Ihren Ansprechpartner in Erfahrung zu bringen. Die Mitglieder unterliegen einer Selbstverpflichtung und sind als seriös anzusehen.

www.vdesb.de ist ebenfalls eine gute Website mit weiterführenden Adressen von exklusiven Personalberatern.

Führende Tageszeitungen wie die SZ oder FAZ sind durchaus ein Forum: Diese nach in Ihrer Branche tätigen Personalberatern durchzusehen, kann sich lohnen.

Führende Jobbörsen: Auch über diesen Weg lernen Sie Personalberater aus dem mittleren Segment kennen.

Die Möglichkeit, über XING oder eine Stellensuchanzeige Headhunter kennenzulernen, besprechen wir noch ausführlich auf den nächsten Seiten.

Die meisten Headhunter sind auf einzelne Branchen spezialisiert (Konsumgüter, Banken/Versicherungen, Automotive). Andere sind nach Funktionsbereichen aufgestellt (Supply Chain Management, Finanzwesen, IT-Vertrieb).

Praxis-Tipp:

Sie sollten anrufen und nach dem richtigen Ansprechpartner fragen: „Ich habe vor, Ihnen eine Initiativbewerbung als R&D-Manager in der Pharmaindustrie zukommen zu lassen – an wen kann ich diese Bewerbung senden?" Im Idealfall wird man Ihnen die richtige Kontaktperson nennen. Wenn nicht, können Sie Ihre Unterlagen auch der Person, mit der Sie gerade sprechen, zusenden.

Checkliste: Ihre Unterlagen dem Headhunter schicken

- Jede Bewerbung soll mit einem hohen Qualitätsanspruch erstellt werden. Headhunter sind eher noch kritischer als Unternehmen!

  Wichtig: Die Bewerbung soll entweder professionell gestaltet oder besser nicht verschickt werden.

- Verfassen Sie ein kurzes Profil: Sagen Sie in acht oder zehn Zeilen, wie Ihre Wunschposition aussieht (Funktion, Branche), was Sie dazu qualifiziert, welche Leistungen Sie erbracht haben und wer Sie als Mensch sind.

- Wenn es bei einer Bewerbung an ein Unternehmen schon wichtig ist, über Ergebnisse und Resultate zu reden, dann bei einem Headhunter umso mehr. Dieser möchte nur flankierend wissen, welche Aufgabengebiete, Verantwortungsbereiche und Job-Titles Sie vorzuweisen haben. Wichtiger ist, welche Konsequenzen Ihr Handeln hatte: Was hat sich unter Ihrer Ägide verändert?

- Es kann hilfreich sein, Ihren Lebenslauf für den Headhunter separat aufzubereiten. Dieser ist bei den beruflichen Stationen auch an Einzelheiten interessiert, die bei Bewerbungen an Unternehmen eher in den Hintergrund treten, wie:

- Vorgesetzte Stelle

- Aussagefähige Kennzahlen für die aufgeführten Bereiche

- Exakte Mitarbeiterverantwortung

- Falls Sie für ein kleines oder ausländisches Unternehmen gearbeitet haben, nennen Sie ergänzend Produkt/Dienstleistung, Umsatz und Anzahl der Mitarbeiter.

- Eigentumsverhältnisse (falls es sich bei der Mutter um ein renommiertes Unternehmen handelt)

- Eventuell Website

Sprungbrett Win-Win: Überzeugen Sie den Headhunter

Headhunter geben dem beauftragenden Unternehmen ein Leistungsversprechen, nämlich den richtigen Kandidaten zu finden. Nun fängt ein Prozess an, der von jedem Headhunter anders ausgeführt wird. Im besten Fall werden Recherchen angestellt, Marktübersichten generiert, Wettbewerber ausfindig gemacht. Viele Headhunter greifen auf Informationen in ihrer Datenbank zurück.

In dem Moment, in dem Sie eingeladen werden und der Headhunter feststellt, dass Sie zu seinen „drei bis fünf Kandidaten" gehören werden, tritt eine Win-Win-Situation ein! Ab diesem Augenblick sind Sie nicht länger Teil seines Datenbestands, sondern repräsentieren sein Honorar. Er ist nun bereit, in Sie zu investieren (Best-case). Wenn Sie einen „guten Auftritt beim Kunden hinlegen", hebt das die Qualitätswahrnehmung des Headhunters (er war es, der Sie schlussendlich gefunden hat).

Einzigartige Erfolgshinweise

Wenn Sie Glück haben, wird er Ihnen wichtige Erfolgshinweise zukommen lassen. Er kann Ihnen den Spiegel vorhalten über Ihren Auftritt, Ihre Wortwahl, die Dauer Ihres Redens, den Inhalt Ihrer Aussagen, Ihre Wirkung. Auch wenn Sie diesmal nicht „zum Zug" kommen, ist diese Rückmeldung für Sie im weiteren Bewerbungsverlauf von unschätzbarem Wert. Nach diesem Feedback werden Sie, dem

Allgemeinen Gleichbehandlungsgesetz (AGG) sei Dank, bei Absagen aus Unternehmen vergeblich suchen.

Beispiel:

Herr Globe* hat mich in sein Lieblingshotel eingeladen. Er gehörte noch zu den ehrwürdigen Executive Search Consultants, zog einen Ledertabaksbeutel und stopfte seine Pfeife ausführlich. Er sah mich scharf an und beschrieb sein Unternehmen. Das hatte zu dem Zeitpunkt eine repräsentative Adresse im Messeturm in Frankfurt. Das Unternehmen sei eine „Boutique". Es liefere keine Massenware, sondern Einzelanfertigung. Anspruch und Preis seien entsprechend.

Das zweite Gespräch fand beim Kunden in Oberursel statt. Wir trafen uns eine Stunde vorher bei seinem Lieblings-Italiener auf der anderen Straßenseite.

„Herr Zeylmans", fing Herr Globe an, „gleich werden wir Herrn Schmidt* kennenlernen, meinen Auftraggeber. Ich werde das Gespräch ein wenig steuern. Es kommt der Moment, in dem Sie den Ring frei haben und sich selbst präsentieren werden. Lassen Sie uns nochmals üben. Was werden Sie erzählen?"

Ich erkannte erneut, dass Selbstverständliches nicht selbstverständlich ist. Wo fange ich an? Was hat Bedeutung?

„Herr Zeylmans, ganz ruhig. Sie haben etwa zehn bis 15 Minuten Zeit. Fangen Sie einfach an, wo Sie als Niederländer geboren sind, sagen Sie einen Satz zu Ihren Eltern, reden Sie kurz über Ihre Ausbildung und Ihre ersten Berufserfahrungen und kommen Sie dann zu Ihrer Managementkompetenz. Legen Sie sich bei jeder beruflichen Station ein Beispiel zurecht von dem, was Ihnen besonders gut gelungen ist, ein Ereignis, auf das Sie richtig stolz sind."

Nach dem Gespräch war ich der Meinung, dass die Stelle nicht ganz zu mir passen würde. Herrn Globe habe ich aber einen Karton mit sechs Flaschen gutem italienischen Wein geschickt und einer Dankeschön-Karte für die Lektionen, die ich lernen durfte. Sein Antwortschreiben habe ich aufbewahrt, und zu einem späteren Zeitpunkt hat er mich nochmals kontaktiert.

* Namen geändert

Seit sieben Jahren bietet Jobware vor dem Hintergrund der eindeutigen Fokussierung auf Fach- und Führungskräfte Unternehmen bei der Besetzung von Positionen im Rahmen der Personalberatung Jobware Consult umfassende Beratung.

Für Sie als veränderungswilligen Kandidaten bedeutet dies, dass Sie die Chance haben, von Jobware Consult aktiv vermittelt zu werden. Auf www.jobware.de finden Sie die Möglichkeit der initiativen Kontaktaufnahme, d.h. Sie können sich durch Eintrag in das Kandidatennetzwerk von Jobware mit den Personalberatern von Jobware Consult in Verbindung setzen: www.jobware.de/kandidatennetzwerk.

4. Unterstützung durch die ZAV

Wer in Bonn in die beschauliche Villemombler Straße einfährt, entdeckt bei der Hausnummer 76 ein weißes Gebäude, das wenig Aufschluss darüber gewährt, welch qualitative Arbeit hier geleistet wird.

Es handelt sich um die Zentrale Auslands- und Fachvermittlung (ZAV). Wir schauen uns zunächst die Managementvermittlung an. Einer meiner Kunden meinte kürzlich: „Hier wird in einer anderen Liga gespielt." Viele Fach- und Führungskräfte sind zunächst erstaunt über die Vermittlungskompetenz dieses Teams. Sie kennen die örtliche Bundesagentur für Arbeit als Anlaufstelle für den Leistungsbezug, nicht für die Vermittlungsberatung. In Bonn ist ein Team von etwa 20 Experten tätig; sie zeichnen sich aus durch Kontinuität und Fachkenntnisse. Viele von ihnen hatten früher Führungspositionen in der Wirtschaft inne.

Die Managementvermittlung versteht sich als Dienstleister sowohl für Arbeitgeber als auch für Arbeitnehmer. Die Dienste sind „kostenlos", wobei die ZAV Wert darauf legt, dass der Service natürlich nicht unentgeltlich erbracht wird. Die dafür erforderlichen Beiträge werden ständig von Arbeitnehmern und Arbeitgebern entrichtet.

In Abgrenzung zu den klassischen Headhuntern sieht es die ZAV als Vorteil an, dass bei ihrer Dienstleistung keine Erfolgshonorare anfallen. Die Qualität der Vermittlung steht somit absolut im Vordergrund. Die Notwendigkeit einer Vertragsunterzeichnung ist nicht gegeben.

Konkret ist die ZAV eine Anlaufstelle für Arbeitgeber, die Fach- und Führungskräfte suchen. Selbstverständlich können sich diese auch an die regionalen Jobcenter der zuständigen Arbeitsagentur wenden, und der Bedarf wird dort aufgenommen. Die Managementvermittlung der ZAV ist quasi als „Elite-Einheit" zu verstehen, die sich ausschließlich auf diese Tätigkeit spezialisiert hat und keine anderen Dienstleistungen erbringt. Wenn das Potential nicht in der eigenen Datenbank verfügbar ist, schaltet die ZAV gelegentlich eine Stellenanzeige in der FAZ, damit dieser Bedarf abgedeckt werden kann.

Wen vermittelt die ZAV?

Qualifizierte Arbeitsuchende, die sich bei den örtlichen Stellen der Arbeitsagentur melden, können von diesen an die ZAV in Bonn verwiesen werden.

Kontaktdaten der ZAV
Zentrale Auslands- und Fachvermittlung (ZAV) der Bundesagentur für Arbeit Managementvermittlung Villemombler Str. 76 53123 Bonn Tel.: 0228/713-0 E-Mail: bonn-zav.fw@arbeitsagentur.de www.arbeitsagentur.de

Wenn sich Kandidaten telefonisch melden, landen sie bei einer Art Callcenter (Info-Service-Center), wo entschieden wird, an welchen Berater sie weitergeleitet werden. Früher waren die Ansprechpartner mit Durchwahl im Internet zu finden – davon wird heute abgesehen.

Wenn der Arbeitsuchende mit dem entsprechenden Berater in Verbindung getreten ist, wird die weitere Vorgehensweise abgestimmt. Entweder kann die Vorgehensweise telefonisch (und schriftlich durch das Ausfüllen entsprechender zugesandter Formulare, in denen Qualifikation und Wünsche eingetragen werden) stattfinden. Es ist ebenfalls möglich, dass der Kandidat nach Bonn fährt und dort ein persönliches Gespräch führt. Dafür nimmt sich der Berater auch gern mal zwei bis drei Stunden Zeit. Grundsätzlich ist es auch möglich, sich woanders mit den Beratern zu treffen, sie sind ohnehin auch im Rahmen der „Unternehmensakquisition" und -betreuung unterwegs.

Praxis-Tipp:
Suchen Sie mit dem Berater der ZAV unbedingt ein persönliches Gespräch.

Die Zielgruppe, auf die sich die ZAV spezialisiert hat, wird in folgender Weise definiert: „Führungskräfte der oberen und obersten Leitungsebene aller Branchen und Funktionen" oder noch konkreter:

- Vorstände, Geschäftsführer und Direktoren

- Bereichsleiter, Hauptabteilungsleiter, Abteilungsleiter

- Werks- und Betriebsleiter

- Leitende Stabskräfte

- Mediziner in Leitungsfunktionen

- Interim-Manager

- Führungskräfte mit Interesse an Unternehmensnachfolge und Management Buy-In (MBI)

Es ist nicht notwendig, dass die Führungskraft, die an einer Vermittlung interessiert ist, selbst arbeitslos gemeldet ist und Leistungen bezieht. Grundsätzlich bietet die ZAV ihre Dienste jedem Arbeitnehmer an, der über die entsprechende Qualifikation verfügt. Selbstverständlich genießen, bei gleicher Eignung, die Personen den Vorzug, die nicht länger in einem Beschäftigungsverhältnis stehen. Die ZAV sieht sich aber – wie bereits erwähnt – als Dienstleister sowohl für Arbeitnehmer wie Arbeitgeber. Daraus leitet sich ab, dass gern solche Fach- und Führungskräfte betreut werden, die in einem Angestelltenverhältnis stehen, zumal sie gleichzeitig eine Bereicherung für den Bewerberpool gegenüber den nachfragenden Unternehmen darstellen.

Wenn der Kontakt zwischen Berater und Fach- bzw. Führungskraft stattgefunden hat, wird der Arbeitsuchende gebeten, der ZAV präsentationsfähige Unterlagen zukommen zu lassen. Die Zeit ist nicht an der ZAV vorübergezogen. Wurden vor wenigen Jahren noch Mappen angefordert, reicht heute eine digitale Fassung in PDF-Form.

Dann kann der Prozess losgehen. Je nach Qualifikation und Nachfrage kann es zu regen Kontaktaufnahmen kommen. Ein 48-jähriger Diplom-Ingenieur, der mein Seminar Job-Hunting in Düsseldorf besucht hatte, berichtete von mehreren Kontaktaufnahmen pro Monat. Ein Wirtschafts-Informatiker aus dem Ruhrgebiet, der einen Termin in Bonn wahrgenommen hatte, wurde ebenfalls von mehreren weiterführenden Kontakten überrascht.

Stellenanzeige über die ZAV schalten

Nachdem den Beratern ein gewisses Budget zur Verfügung steht, können diese auch entscheiden, für ihre Coachees zu inserieren. In überregionalen Tageszeitungen finden sich häufig Stellensuchanzeigen der ZAV, in denen auf die Qualifikation der Arbeitsuchenden im Pool hingewiesen wird.

Ich betreute einen Controller aus Süddeutschland, der nicht persönlich bei der ZAV vorgesprochen hatte. Für ihn wurde eine Anzeige geschaltet. Die Rückmeldungen wurden offengelegt und gemeinsam mit ihm besprochen. Wie wir noch sehen werden, reagieren vor allem Personalberater auf die Stellensuchanzeigen in der FAZ. Die ZAV ist eine seriöse Anlaufstelle, die überaus ernst genommen wird.

Der Bewerber genießt gegenüber der eigenen Gestaltung einer Stellensuchanzeige in der FAZ gleich mehrere Vorteile:

- Die ZAV übernimmt die Kosten, die sich rasch auf 200 bis 300 Euro für eine zweispaltige Anzeige belaufen können.

- Abgesehen von den monetären Aspekten ist das weitaus stärkere Argument, dass die ZAV-Berater natürlich über eine Professionalität der Anzeigengestaltung verfügen, die einem Bewerber fremd ist.

- Die ZAV betreibt eine kontinuierliche Erfolgskontrolle und stellt fest, welche Berufsbezeichnungen, welche Personen- und Qualifikationsbeschreibungen, welche Angaben sinnvoll und erforderlich sind.

Ein Bewerber, der alle zehn Jahre die Arbeit wechselt, steht diesbezüglich vor Böhmischen Dörfern und verlässt sich im schlimmsten Fall auf andere Inserenten, die es selbst auch nicht besser wissen.

Als Bewerber habe ich mit der ZAV vor einigen Jahren außergewöhnlich positive Erfahrungen gesammelt: Obwohl ich nicht arbeitslos gemeldet war, wurde mir schnell angeboten, für mich eine Anzeige in der zwischenzeitlich als Online-Angebot verfügbaren Job-börse zu schalten (www.jobboerse.arbeitsagentur.de). Einsatz und Professionalität, wie sie mir entgegengebracht wurden, haben mich wirklich überzeugt. Immerhin befand ich mich noch im Angestell-tenverhältnis.

Anonymes Kurzprofil – AKP

Ein anderes „Tool", das die ZAV einsetzt, ist das anonyme Kurzprofil, auch AKP genannt. Ein Bewerber kann sich für die Mitarbeit in einem bestimmten Unternehmen interessieren und bittet die ZAV, sich – in seiner Angelegenheit – mit diesem Unternehmen in Verbindung zu setzen. Es handelt sich letztendlich um eine anonymisierte Initiativ-bewerbung, die allerdings eine erhöhte Aufmerksamkeit erlangt, da es sich beim Absender um eine „offizielle Stelle" handelt.

Wie erfolgreich ist die ZAV?

Einige Zahlen. Die ZAV weist im Inland (über das Ausland werden wir noch sprechen) deutlich über 2 000 Vermittlungen vor, das sind rech-nerisch immerhin ca. zehn am Tag. Die größte Gruppe stammt aus dem Bereich Handel und Dienstleistungen, mit Abstand folgen Ma-schinen- und Anlagebau sowie die Elektro- und KFZ-Industrie.

Interessant ist, dass knapp 30 Prozent der vermittelten Personen über 50 Jahre waren, 56 Prozent zwischen 40 und 50 Jahren und 14 Prozent unter 40 Jahre.

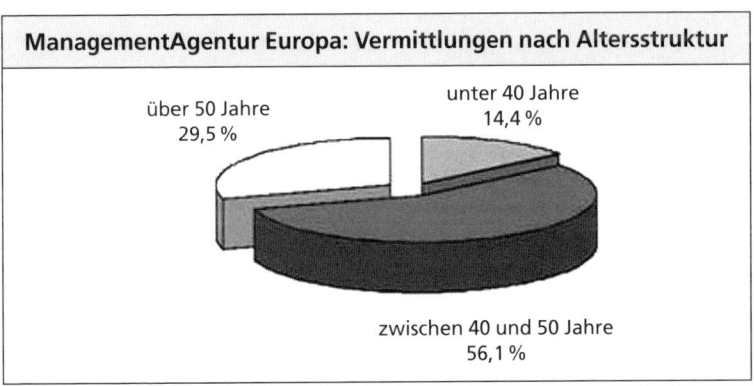

ManagementAgentur Europa: Vermittlungen nach Altersstruktur

über 50 Jahre 29,5 %

unter 40 Jahre 14,4 %

zwischen 40 und 50 Jahre 56,1 %

Abdruck mit freundlicher Genehmigung der ZAV/BA.

Die Tatsache, dass es sich bei der Vermittlung wirklich um Fach- und Führungskräfte handelt, wird auch dadurch reflektiert, dass 33 Prozent der vermittelten Personen ein Jahresgehalt von über 100 000 Euro bezogen. 35 Prozent verdienten zwischen 75 000 Euro und 100 000 Euro. 28 Prozent zwischen 50 000 Euro und 75 000 Euro und ein kleiner Rest (4 Prozent) unter 50 000 Euro (alle Zahlen beziehen sich auf das Jahr 2006).

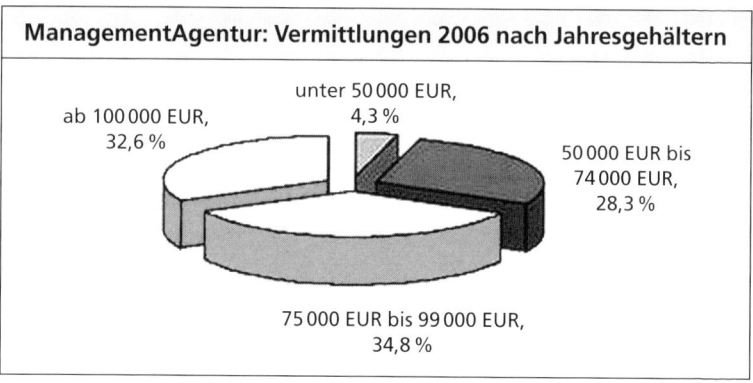

ManagementAgentur: Vermittlungen 2006 nach Jahresgehältern

unter 50 000 EUR, 4,3 %

ab 100 000 EUR, 32,6 %

50 000 EUR bis 74 000 EUR, 28,3 %

75 000 EUR bis 99 000 EUR, 34,8 %

Abdruck mit freundlicher Genehmigung der ZAV/BA.

Abschließend noch einige Sätze für die Leser, die nur das frühere Dienstleistungsangebot der ZAV kennen. Seit 2007 sind unter dem Dach der ZAV folgende Dienstleistungen zusammengeführt:

Dienstleistungen der ZAV

- Fachvermittlung
  - Managementvermittlung (darauf bezieht sich das bisher beschriebene)
  - Büro Führungskräfte zu Internationalen Organisationen (BFIO): Vermittlung im Auftrag des Auswärtigen Amtes von hoch qualifizierten und international ausgerichteten deutschen BewerberInnen zu Internationalen Organisationen (diese Dienstleistung wird nicht näher beschrieben, sie kann für bestimmte Personen aber interessant sein)
  - Centrum für internationale Migration und Entwicklung (CIM – mit Sitz in Frankfurt/Main):

noch: Dienstleistungen der ZAV

> Hier platziert die ZAV in Zusammenarbeit mit der Gesellschaft für technische Zusammenarbeit (GTZ) hoch qualifizierte Fachkräfte, die in Entwicklungsländern und Ländern Mittel- und Osteuropas zumeist staatliche und halbstaatliche Institutionen beraten und in ihrer Arbeit unterstützen (diese Dienstleistung wird nicht näher beschrieben, sie kann aber für bestimmte Personen interessant sein).
>
> – Künstlervermittlung
>
> ■ Auslandsvermittlung
> (siehe Kapitel 4.6)

5. Stellensuchanzeige in der FAZ

Jahrzehntelang war der Stellensuchmarkt in der Mittwochsausgabe der Frankfurter Allgemeinen Zeitung eine Institution, er war Pflichtlektüre für Executive Search Berater und innovative Unternehmen, die ihre Rekrutierungspolitik um diese Komponente erweiterten. Es kommt einer kleinen Revolution gleich, dass die FAZ das Erscheinungsdatum der Stellensuchanzeigen seit Oktober 2006 von Mittwoch auf die Samstagsausgabe verlegt hat. Damit ist sie wohl mit den führenden internationalen Zeitungen im Einklang, die diese Vorgehensweise schon länger handhaben. Zudem sind nun Stellenanzeigen (von Unternehmen aufgegeben) sowie Stellensuchanzeigen von Bewerbern in einer Ausgabe zu finden.

Beispiel:

1989 habe ich das erste Mal persönliche Erfahrungen mit diesem Medium gesammelt. Nach meinem Ausscheiden bei meinem damaligen Arbeitgeber habe ich eine einspaltige Stellensuchanzeige aufgegeben mit der Überschrift:

„Leiter Materialwirtschaft"

Die Resonanz hat mich zum damaligen Zeitpunkt verblüfft: Ich erhielt 76 qualifizierte Zuschriften. Damals gab es noch keine „nervigen" Coaching-Angebote. Die Zuschriften stammten zu 70 Prozent von seriösen Headhuntern und zu 30 Prozent direkt von Unternehmen. Mit der Abarbeitung war ich längere Zeit beschäftigt; zu dieser Zeit hätte eine einzige Anzeige völlig ausgereicht, um eine neue Arbeitsstelle zu finden.

Die Welt hat sich seitdem geändert, die Instrumente der Personalsuche haben sich erweitert. Somit kommt dieser Art der Stellensuche nicht länger die Bedeutung zu, die sie damals hatte. Dennoch ist sie keineswegs zu ignorieren.

Warum die FAZ?

Die Frage scheint berechtigt, zumal es in Deutschland neben regionalen Ausgaben weitere anerkannte überregionale Zeitungen gibt, etwa die Süddeutsche Zeitung, die ZEIT, die Financial Times Deutschland oder das Handelsblatt. (Hier soll keine Schleichwerbung betrieben werden.)

Beispiel:

Ich war zu einem Treffen mit einem Personalberater in Niedersachsen eingeladen worden. Nach dem üblichen Austausch legte er mir eine Art „Test" vor, der Aufschluss über meine Persönlichkeit gewähren sollte, und bat mich, diesen auszufüllen.

Während ich damit beschäftigt war, hatte er die FAZ vor sich aufgeschlagen, telefonierte mit seinem Büro und stimmte mit seiner Assistentin ab, auf welche Stellensuchanzeigen sie reagieren und welche Profile sie somit einholen sollte.

Um sicherzugehen, habe ich zum gleichen Zeitpunkt eine identische Anzeige in einer konkurrierenden, ebenfalls sehr anerkannten überregionalen Zeitung geschaltet. Zu meiner Überraschung erhielt ich auf die FAZ-Anzeige die zehnfache Rückmeldung.

Fazit: Für diese Vorgehensweise ist nur die FAZ das in Frage kommende Medium.

Heute ist es nicht mehr realistisch, 100 Rückmeldungen zu erwarten. Jedoch kommt es auf die Branche, die Positionsbezeichnung (Headline), die Qualifikation sowie mit Sicherheit auch auf die Aufmachung der Anzeige an.

Ich betreute eine Rechtsanwältin sowie einen promovierten Landwirt – diese beiden erhielten kaum eine Resonanz. Fachkräfte aus der Wirtschaft finden hingegen oft ihre neue Arbeitsstelle über die FAZ, wie beispielsweise folgender Controller.

Beispiel:

– Ursprüngliche Nachricht –

Von: Muster-Controller
Gesendet: Dienstag, 28. März 2006 12:11
An: Vincent Zeylmans
Betreff: AW: Heutiges Telefonat

Sehr geehrter Herr Zeylmans,

an dieser Stelle ein Lebenszeichen von mir und ein herzliches Dankeschön für Ihren Einsatz und Ihre Unterstützung (auch die aufmunternden Worte) bei meinem Bewerbungsverfahren und dem Unterlagencheck. Ich habe vor kurzem einen Vertrag für eine Funktion als „kaufmännischer Leiter" (Personalverantwortung 30 Leute) mit Option auf kaufmännischer GF in einem Maschinenbauunternehmen in Frankfurt (Main) unterschrieben.

Umsatz ca. 80 Mio. Euro, 200 Mitarbeiter in Frankfurt, ca. 450 Mitarbeiter weltweit. Insgesamt hatte ich eine Quote (ich denke, das interessiert Sie) von 55 schriftlichen Bewerbungen, zwei Stellengesuchen in der FAZ, drei Stellengesuchen im Internet, acht Vorstellungsgesprächen (ohne doppelte Gespräche), zweimal habe ich von meiner Seite abgesagt, zwei Angebote liegen mir jetzt vor. Unterwegs war ich an ca. 15 Arbeitstagen und habe ca. 7000 bis 9000 km zurückgelegt. Das ganze zog sich über ca. vier bis fünf Monate hin. Pro Tag kann man gut sieben Stunden Arbeitszeit ansetzen.

Zum Erfolg haben letztendlich die zwei Stellengesuche in der FAZ sowie die im Internet geführt. Damit bestätigt sich auch in meinem Beispiel: Proaktiv funktioniert besser. Insgesamt habe ich das ganze Verfahren als „Knochenjob" und natürlich auch als „Unterwerfungsritual" empfunden. Aber insgesamt hat es sich gelohnt. Ich habe eine Menge gelernt und mich darüber hinaus auch verbessert, zumindest aus heutiger Sicht. Jetzt genieße ich die Zeit, bis es wieder los geht und bilde mich natürlich weiter.

Mit lieben Grüßen
Muster-Controller

Zeitpunkt der Anzeigen-Schaltung

Natürlich ist auch bei der Aufgabe einer Stellensuchanzeige der Zeitpunkt zu beachten. Die Zeiträume, die sich für den Bewerber, der sich noch im Beschäftigungsverhältnis befindet, anbieten – etwa die Sommerferien – sind für eine Stellensuchanzeige eher ungeeignet. Die Monate Juli, August und Dezember sollten unbedingt gemieden werden. Dann sind Unternehmen und Headhunter mit anderen Aufgaben (Budget, Jahresabschluss) oder mit der Freizeit (Sommerferien, Ski-Urlaub) beschäftigt. Auch die zweite Juni-Hälfte sowie Anfang Januar sind nicht optimal.

Vor allem bieten sich die Monate Februar/März sowie September/Oktober an. Dann werden die Personalstaus, die sich in den vorherigen Monaten gebildet haben, aufgelöst. Sie erkennen das optimale Zeitfenster auch am Umkehrschluss. Plötzlich vervierfacht sich die Beilage mit den Stellenanzeigen von Unternehmen und Headhuntern. Mit Staunen stellen Sie fest, dass gewisse Personalberater ganze eigene Beilagen nur mit Stellenanzeigen füllen.

Erfahrung aus der Praxis

Ich werde häufig gefragt, ob es sich lohnen kann, eine Stellensuchanzeige in der FAZ zu einem späteren Zeitpunkt nochmals zu wiederholen. Hier füge ich eine persönliche Erfahrung ein.

Ich hatte eine Stellensuchanzeige aufgegeben, die Rückmeldung war in der dritten Woche am „Abebben". Zu meiner Überraschung erhielt ich in der fünften Woche erneut eine beachtliche Zusendung. Die Interessenten verwiesen auf eine Anzeige, die ich zu diesem Zeitpunkt nicht aufgegeben hatte. Beim Nachschauen in der FAZ stellte ich fest, dass sich der Verlag einen „Fehler" zu meinem Vorteil geleistet hatte: Drei Wochen nach auftragsgemäßem Abdruck wurde die Anzeige abermals geschaltet.

Nun hätte ich vermutet, dass sich keiner mehr melden würde – das Gegenteil war aber der Fall. Der Rücklauf war nicht so hoch wie beim ersten Mal, aber ich konnte noch acht qualifizierte Kontaktaufnahmen verbuchen, die sich drei Wochen vorher nicht bei mir gemeldet hatten.

Daraus habe ich gelernt:

Headhunter und suchende Unternehmen – verständlicherweise, aber dennoch „überraschend" – gleichen die Stellensuchanzeigen mit den zu besetzenden Profilen fokussiert ab. Es werden keine an sich interessanten Profile abgerufen und „auf gut Glück" für eine etwaige spätere Gelegenheit gespeichert. Dieses möge der Fall bei dem einen oder anderen Unternehmen sein – es ist nicht die Gepflogenheit. Die meisten Unternehmen suchen den Kontakt mit Kandidaten, deren Expertise sich unmittelbar verwerten lässt.

Mit welchem Rücklauf können Sie heutzutage rechnen? Wie erwähnt, die „goldenen Zeiten", in denen Sie mit dieser Aktion Ihren gesamten Bewerbungsbedarf abdecken konnten, sind vorbei. Auch habe ich bereits ausgeführt, dass stets viele Faktoren zusammenwirken. Der Vertriebsleiter, der Financial Director, der technische Projekt-Leiter oder der Global Sourcing Manager technischer Investitionsgüter kann aber durchaus mit 15 bis 25 qualifizierten Rückmeldungen rechnen. Leider nerven die sieben bis 15 zusätzlichen Kontaktaufnahmen, die zu 50 Prozent von Coaching-Unternehmen stammen, die Sie unterstützen möchten, damit Sie sich erfolgreicher am Arbeitsmarkt bewegen können. Die andere Hälfte stammt von Franchise-Unternehmen, dem Multi-Level-Management (MLM), den Finanzdienstleistungen und anderen Firmen, die Ihnen Angebote für eine selbständige Tätigkeit unterbreiten.

Die Spreu vom Weizen trennen

Achten Sie darauf, welche Angebote Ihnen mit einem frankierten Kuvert zugesendet werden. Sie werden, aller Voraussicht nach, nicht mit Ihrem Namen und Ihrer Rufnummer, sondern über Chiffre inserieren. Das bedeutet, dass Sie Ihre Antworten über den FAZ-Verlag erhalten. Die Reaktionen, die (normalerweise) sehr ernst zu nehmen sind, werden individuell erstellt und an Sie persönlich gerichtet. Ein Hinweis kann sein, dass der Absender sein Schreiben separat versendet und frankiert hat. Dieses wird häufig der Fall sein, wenn Sie von führenden Executive Search Consultants angesprochen werden, die eine Stelle zu besetzen haben.

Die weniger seriösen Unternehmen, die Massenmailings als Streugut an quasi alle Inserenten versenden, stecken alle ihre Briefe in ein einziges Kuvert, das sie der FAZ zukommen lassen. Der Verlag nimmt dann die (angenommen) 100 Briefe aus dem Sammelkuvert und ordnet sie den einzelnen Stellenanzeigen zu.

Wichtig: Selbstverständlich wäre es zu einfach, die Qualität der Rückmeldung auf eine Briefmarke zu begrenzen. Es gibt wertvolle Antworten von Personalberatern, die mehrere Inserenten angeschrieben haben, aber – kostenbewusst – kein unnötiges Porto ausgeben. Gleichzeitig gibt es unseriöse Angebote von Absendern, die eine gewisse Aufmerksamkeit erlangen möchten und somit Brief- bzw. Sondermarken verwenden.

Auch die prozentuale Verteilung von Personalberatern und Unternehmen hat sich im Laufe der Jahre verschoben. Sie werden heute schwerpunktmäßig von Headhuntern angesprochen (80 Prozent bis 85 Prozent) und lediglich 15 Prozent bis 20 Prozent kommen direkt von suchenden Unternehmen.

Praxis-Tipp:

Wenn Sie eine Unternehmensfrankierung feststellen, sollten Sie dieses Schreiben mit viel Sorgfalt behandeln. Es ist mit größter Wahrscheinlichkeit anzunehmen, dass hinter der Kontaktaufnahme ein realer und dringender Bedarf steht und Sie eine gute Chance haben – falls das Profil passt –, von diesem Unternehmen eingeladen zu werden.

Eine Stellensuchanzeige selbst erstellen

Noch vor wenigen Jahren hat die FAZ Inserenten unentgeltlich ein Büchlein mit Hilfestellungen zur Anzeigengestaltung zugesandt. Die Zeiten ändern und digitalisieren sich. In der Vergangenheit wurden Beispiel-Anzeigen veröffentlicht und erwähnt, wie viele Reaktionen sie erzielten.

Nun ist ein Link verfügbar:
www.faz.net/dynamic/download/aboutus/FAZ_Stellengesuche.pdf

Der Bewerber erhält eine Fülle an Informationen über das Schalten von Stellensuchanzeigen in der FAZ in Form einer PDF-Datei.

Neben Formaten und Preisen (ich erwähnte bereits: mit 100 Euro bis 200 Euro sollten Sie schnell rechnen, für eine dreispaltige Anzeige gar 800 Euro) sind viele konkrete Gestaltungshilfen gegeben, so auch der Aufbau eines erfolgreichen Stellengesuchs:

- Berufsbezeichnung
- Persönliche Daten (darunter das Alter)
- Ausbildung
- Berufspraxis
- Branchen
- Eigentliches Stellengesuch

Die goldene Regel: Fokussiert, nicht allgemein

Die Verlockung ist groß, die Anzeige zu „verallgemeinern". Wer möchte schon die Chance seines Lebens verpassen? Auch wenn man bisher IT-Lösungen verkauft hat, sieht einer vielleicht eine Chance im Vertrieb von Vogelfutter. Aufgrund solcher Überlegungen halten sich viele mit konkreten Angaben zurück. Branchenerfahrungen werden nicht erwähnt. Das Alter wird verschwiegen. Man reduziert sich selbst zum Generalisten, zur eierlegenden Wollmilchsau, damit man allen in allem gerecht wird. Das Gegenteil ist der Fall:

Wer sich nicht fokussiert, wird nicht wahrgenommen!

Wir stellten bereits fest, dass die meisten Rückmeldungen von Personalberatern erfolgen. Diese haben ein deutliches Profil von ihrem Auftraggeber vorgelegt bekommen. Wenn das suchende Unternehmen schon viel Geld in die Zusammenarbeit mit einem Headhunter investiert, sind auch die Erwartungen hoch. Der Kandidat soll (normalerweise) aus der Branche kommen und dort Erfolge vorweisen können. Somit sind Personalberater irritiert, wenn zu wenig konkrete Information vorhanden ist.

Wichtig: Je mehr Details Sie von sich selbst preisgeben, umso höher wird die Wahrscheinlichkeit einer Kontaktaufnahme.

Kommen wir zurück auf die ZAV: Für manche Personen, die sie betreut, gibt sie in der FAZ eine Anzeige auf. Prüfen Sie, wie die Berater ihre Kunden präsentieren. Sie werden feststellen, dass hier eine hohe Fokussierung stattfindet. Die ZAV weiß, dass jede zusätzliche

Information einen Bewerber geradezu unverwechselbar, einzigartig und dadurch wertvoll für den Arbeitsmarkt macht.

In der Datei mit Gestaltungshilfen finden Sie darüber hinaus die möglichen Gestaltungselemente wie Schriftart und Schriftgröße. Wenn Sie der FAZ zwei Tage vor Erscheinen Ihrer Anzeige den Entwurf zukommen lassen, bleibt Ihnen wenig Zeit zur Abstimmung. Planen Sie etwas mehr Zeit ein, können Sie letztendlich auf alle Aspekte der Gestaltung Einfluss nehmen. Entweder übernimmt die FAZ das Setzen Ihres Textes – sie wird Ihre Wünsche dann berücksichtigen. Oder Sie nennen – neben Schriftart und Größe – Wünsche bezüglich der Fettschreibung, der mittigen Ausrichtung sowie Block- oder Flattersatz. Auch können Sie sich abheben, indem Sie den Hintergrund schraffieren oder gar eine weiße Anzeige auf schwarzem Hintergrund erbitten. Die FAZ sendet Ihnen auf Wunsch einen Korrekturabzug an eine Faxnummer oder auch als PDF-Datei an Ihre E-Mail-Adresse. Selbstverständlich können Sie der FAZ auch einen Film zusenden, in den Sie graphische Elemente einfügen.

Schlussendlich finden Sie unter dem Link noch eine kritische Bewertung mehrerer Stellensuchanzeigen mit einer Erläuterung zur Optimierung. Die PDF-Informationsbroschüre schließt ab mit Kontaktdaten sowie einem Auftragsformular.

6. Bewerben im Ausland

Obwohl beim Verfassen dieses Buches konjunkturell leichte Wolken am Horizont erscheinen, sind die Arbeitsmarktdaten so gut wie seit Jahren (1994) nicht mehr. Die Zahl der Arbeitslosen ist unter 3,5 Millionen gesunken und die Zahl der versicherungspflichtigen Arbeitnehmer erstmals über die Marke von 40 Millionen gestiegen.

Dennoch ist die Nachfrage nach Fachspezialisten und qualifizierten Führungskräften im umliegenden Ausland (teils mit Abstand) ausgeprägter als in der Bundesrepublik

So wundert es nicht, dass manch einer auf die Idee kommt, einmal über die Ländergrenzen hinweg zu schauen. Warum in Deutschland suchen und sich gegen eine größere Anzahl Mitbewerber durchsetzen, wenn die Rahmenbedingungen im Ausland möglicherweise einfacher sind?

Grundsätzliche Überlegungen

Sprache

Für viele türmt sich die Sprache als Barriere auf. Wir sind aber mit Österreich sowie zum Teil der Schweiz und Luxemburg von einem Ausland umgeben, in dem man sich in Deutsch recht gut verständigen kann. Gleichzeitig ist die Landschaft meist reizvoll, das Arbeitsklima sehr stabil und die Bezahlung gut.

Branche

Viele wundern sich, wenn sie entdecken, dass es gewaltige Branchenunterschiede zu den benachbarten Ländern gibt. So war die Nachfrage nach Fach- und Führungskräften im Baugewerbe in der Schweiz immer sehr konstant – auch in Zeiten, in denen in Deutschland Zehntausende ihre Arbeitsstelle verloren haben. Handwerker sind in den Niederlanden, aber auch in Irland dringend gesucht. Wer eine Ausbildung im Hotelgewerbe vorzuweisen hat, kann sich seinen Wirkungskreis in der Alpenrepublik Österreich oder in der Schweiz aussuchen. Mediziner sind in Großbritannien immer willkommen und Pflegepersonal fast überall (auch hier wieder Schwerpunkt Schweiz, genauso wie Ingenieure, die zunehmend nach Skandinavien) abwandern. Finanz- sowie IT-Spezialisten sollten die Optionen der Bankenhochburgen Zürich und Luxemburg in Betracht ziehen.

Gehalt

Die Gehälter liegen in der Schweiz im Schnitt 20 Prozent über dem deutschen Salär, im Raum Zürich bis zu 30 Prozent. Österreichische Manager beziehen die höchsten Gehälter im EU-Raum. Luxemburger verdienen mehr als Deutsche. Mediziner verdienen in England Gehälter, die in Deutschland undenkbar wären, während sie in den Niederlanden den Luxus regelmäßiger Dienste und weitreichender Fortbildungen genießen.

Alter

Obwohl offiziell deklariert wurde, dass „der Jugendwahn" – aufgrund der demographischen Entwicklung sowie des Fehlens von etwa eineinhalb bis zwei Millionen Fachkräften – ein Ende hat, gehen andere Länder in dieser Hinsicht doch weniger wählerisch bei

der Bewerberauswahl vor. In der Schweiz stehen 70 Prozent der 55-
bis 65-jährigen Arbeitnehmer im Angestelltenverhältnis, während
die Quote in Deutschland nur bei 45 Prozent liegt.

Gerade in den vergangenen Monaten wurde die Tatsache, dass viele
Fachkräfte Deutschland verlassen, thematisiert. Im Jahr 2006 haben
erstmals mehr Arbeitnehmer Deutschland den Rücken gekehrt, als
aus dem Ausland eingewandert sind. Besonders bemerkenswert: Vor
allem exzellent ausgebildete Fachspezialisten und Akademiker stellen ihre Expertise den Nachbarländern oder gar Kontinenten in
Übersee zur Verfügung. „Deutschland blutet aus" titelte deshalb das
„managermagazin" bereits.

Der richtige Job im richtigen Land

Ich betreue Personen, die sich in einer Phase der Neu-Orientierung
befinden. Für manche bietet es sich an, den lang gehegten Traum zu
verwirklichen. Es muss nicht immer die Schweiz oder Österreich sein.
Viele fühlen sich in der englischen Sprache fit und sehen den Sprung
über den Ärmelkanal als willkommene Abwechslung. Die Niederlande stellen sich traditionell als multikulturell dar und haben mit
Fremdsprachen keine Schwierigkeiten. Andere Bewerber suchen die
Herausforderung noch weiter entfernt und landen in Kanada oder
den USA. Nicht für alle ist der Weg ins Ausland ganz so freiwillig; sie
machen aber aus der Not eine Tugend und stellen fest, dass es sich in
Winterthur auch schön leben lässt. Die Heimatverwurzelten entdecken, dass man auch in Lörrach, Weil am Rhein oder Berchtes-
gaden wohnen und sehr wohl in Basel oder Salzburg arbeiten kann.

Wie dem auch sei, aus verschiedenen Gründen – seien es Vorlieben,
Abenteuerlust, Auffrischung einer Fremdsprache oder (legitimer-
weise) aus dem einfachen Grund, dass eine Arbeit besser/einfacher
im Ausland zu bekommen ist – rückt die Möglichkeit, seine nächste
berufliche Chance nicht in Deutschland wahrzunehmen, für viele ins
Blickfeld.

Traumjob im Ausland – so gehe ich vor

Kaum hat man das Ausland als reelle Alternative gesehen, droht
Angst vor der eigenen Courage. Wie soll ich vorgehen? Wie funktionieren die Versicherungssysteme? Wer zahlt mir meine Rente? Kann
ich noch zum deutschen Arzt gehen, wenn ich in Zürich arbeite? Fragen über Fragen!

Wir wollen sehen, was zu berücksichtigen ist und wo Sie Antworten auf Ihre wichtigsten Fragen bekommen. Vorrangig aber ist es, dass Sie eine neue Arbeit finden (oder zumindest mit den Möglichkeiten, Arbeit im Ausland zu finden, vertraut werden).

Eine fantastische Anlaufstelle – die Zentrale Auslandsvermittlung

Die ZAV, die wir bereits unter Punkt 4 in diesem Kapitel kennengelernt haben, war in der Vergangenheit bereits für die Auslandsvermittlung zuständig. Früher wurde noch nach europäischen Ländern und Übersee unterschieden.

Bereits im Jahr 2005 wurde eine exzellente Website ins Leben gerufen mit den wichtigsten Angaben der jeweiligen EU-Länder: www.ba-auslandsvermittlung.de

Mit einem Klick auf das entsprechende Fähnchen öffnen sich Welten mit wertvollen Informationen. Am Beispiel Schweiz lernen Sie Land und Leute, Arbeitsmarktdaten und Abkommen zwischen den beiden Ländern kennen. Darüber hinaus werden Sie in die bedeutendsten Jobbörsen des Landes eingeführt. Bei diesen können Sie – wie gewohnt – Job-Roboter und Such-Assistenten beauftragen, Ihnen Stellen oder Anzeigen mit bestimmten Suchworten per E-Mail zu übermitteln. Selbstverständlich können Sie auch im Ausland bei den Karriere-Portalen Ihren Lebenslauf hinterlegen. Sie werden ebenfalls auf die Pendants der Arbeitsagentur im Ausland hingewiesen, die Ihnen sofort Einblick in die ausgeschriebenen Stellen ermöglichen. Der feine Unterschied: Ihre Vermittlungschance liegt statistisch gesehen deutlich höher, da die Arbeitslosenquote niedriger ist.

Seit 2007 ist die Auslandsvermittlung (Europa & Übersee) zusammen mit der Managementvermittlung und noch einigen anderen Stellen zur „Neuen ZAV" verschmolzen. Allein in Bonn arbeiten etwa 60 Mitarbeiter im Bereich der Auslandsvermittlung. In den bundesweiten Teams (konzentriert tätig an zwölf Standorten – vorher 16 – und länderspezifisch spezialisiert) sind nochmals 150 weitere Mitarbeiter aktiv. Die Ergebnisse können sich sehen lassen, denn im Jahr 2006 wurden über die ZAV 15 000 Personen ins Ausland vermittelt. Die Realität gebietet, darauf hinzuweisen, dass es sich in diesen Fällen vielfach um Handwerker handelte, nicht primär um Fach- und Führungskräfte in der Wirtschaft. Dennoch ist die Website als Anlaufstelle auch und gerade für dieses Segment extrem wertvoll.

Den ausländischen Arbeitsmarkt näher kennenlernen

Eine exzellente Möglichkeit, die Arbeitsmarksituation im Ausland hautnah zu erleben, ist ein Abonnement der wichtigsten Wirtschaftszeitungen. Der Weg ist einfacher, als manchmal angenommen. Letztendlich sind Sie nur an der Samstagsausgabe interessiert. Es ist möglich, dass Sie sich lediglich diese zusenden lassen. Damit Sie nicht die „Internationale Ausgabe" erhalten, z.B. bei der „Neue Zürcher Zeitung", sollten Sie ausdrücklich die „Schweizer Ausgabe" verlangen.

■ Schweiz – Neue Zürcher Zeitung

Die Kosten sind mit 28,50 Euro für 13 Ausgaben, die Sie auf ein deutsches Konto in Euro überweisen können, äußerst überschaubar. Dafür haben Sie jeden Montag pünktlich die Zeitung im Briefkasten und können somit noch sehr rechtzeitig auf ausgeschriebene Stellen reagieren.

Die Zeitung vermittelt Ihnen auch ein Gespür für die Arbeitsmarktsituation. Sie lernen Schwerpunkte der Stellenausschreibungen kennen. Und – anders, als wenn Sie sich über das Internet erkundigen, was auch möglich ist – können Sie über die Größe der Anzeige auf die Bedeutung der Stelle schließen.

Darüber hinaus bietet das Verfolgen der NZZ Executive den weiteren Vorteil, dass Sie auch viele Personalberater in der Schweiz kennenlernen. Auf deren Websites werden weitere Positionen angeboten. Es ist hilfreich, dass in der Schweiz sehr häufig Stellen über Headhunter besetzt werden, sodass Sie bereits nach drei Monaten eine beachtliche Sammlung mit Adressenmaterial von Executive Search Consultants aufgebaut haben – für Ihre Initiativbewerbungen!

Sie können zwar über www.nzzexecutive.ch die Anzeigen abrufen –, aber aus meiner Sicht geht dem ernsten Jobhunter doch etwas verloren. Die digitale Sicht der Anzeigen ist anders als der haptische Umgang mit der Zeitung – vielleicht hege ich hier aber zu „romantische" Vorstellungen. Zusätzlich interessant ist es natürlich, wenn Sie sich zugleich mit den Themen, die Ihr Zielland berühren, bereits vertraut machen. In der Schweiz kann das derzeit durchaus die Beziehung der Schweizer zu den Deutschen sein.

■ Österreich

In Österreich ist die Konzentration der Stellenausschreibungen für Fach- und Führungskräfte nicht derart eindeutig wie in der

Schweiz. Wer ein Samstagsabonnement der folgenden Zeitungen bezieht, ist auf jeden Fall gut bedient:

- Kurier: www.kurier.at
- Standard: www.derstandard.at

■ Luxemburg

In Luxemburg lohnt sich ein Blick in D'Wort: www.wort.lu

7. Personalüberlassungsunternehmen

Personalüberlassungsunternehmen haben in Deutschland in der Vergangenheit nie einen hohen Stellenwert gehabt. Als sie in den 70-er Jahren des vergangenen Jahrhunderts beispielsweise im Nachbarland Niederlande Furore machten, schwappten einige Wellen zwar mühsam herüber, Karriere hat die „Zeitarbeit" in der Bundesrepublik aber nicht gemacht: Sie wurde über Jahrzehnte mit der Sekretärin, die in Mutterschutz geht und daher einen Ersatz für vier Monate benötigt, assoziiert. Oder der Gabelstapler erkrankt und soll ersetzt werden. Vielleicht fordert es die Inventur, dass Hilfskräfte für zwei Tage den Betrieb unterstützen.

Diese Personen verdienten in der Vergangenheit wenig und übten eine relativ unqualifizierte Arbeit aus. Deshalb wurde auf das Wort „Zeitarbeit" von Fach- und Führungskräften herabgeschaut – und eine Einstellung über Zeitarbeitsfirmen galt im besten Fall als Notlösung.

Die Welt hat sich seither geändert, wenn die damit einhergehenden Chancen und Möglichkeiten auch nicht von jedermann wahrgenommen werden. Als die Konjunktur Ende 2006 anzog, waren sich viele Unternehmen noch unsicher, ob der Aufschwung Bestand haben würde. Diese wollten die Vakanzen nicht gleich mit Festeinstellungen besetzen und gingen deshalb zu Personalüberlassungsunternehmen. In kurzer Zeit waren bundesweit 600 000 Zeitarbeitnehmer angestellt. Randstad brachte es auf Platz 1 der Arbeitgeber, die am meisten neue Arbeitsstellen geschaffen hatten.

Händeringend suchten die Zeitarbeitsunternehmen nach weiteren Arbeitnehmern, damit sie ihren Bedarf decken konnten. Teilweise waren – und sind bei der Herausgabe dieses Buches – 50 000 offene Stellen im Personalüberlassungsbereich zu besetzen. Das Ansteigen der Zeitarbeit ist absolut und relativ signifikant, auch wenn sie mit einem Prozent der versicherungspflichtigen Stellen nur 20 Prozent von der Quote ausmacht, die z.B. in den Niederlanden den Durchschnitt darstellt. Das mag von der früheren Einstellung gegenüber der Zeitarbeit herrühren oder an den Diskussionen um das Gehaltsgefüge, das Zeitarbeitsunternehmen bieten. Viele Zeitarbeiter finden, dass sie ausreichend honoriert werden. Selbstverständlich gibt es auch die Fälle, in denen harte und gleichwertige Arbeit wie die der Festangestellten erbracht, aber wesentlich geringer entlohnt wird. Dennoch wäre es schade, mit dem Bade auch das Kind auszukippen.

Zeitarbeitsunternehmen bieten derzeit schwerpunktmäßig drei unterschiedliche Optionen, die Arbeitsuchende in ein Angestelltenverhältnis verhelfen können.

Zeitarbeit

Die altbekannte klassische Dienstleistung, wie oben beschrieben, eröffnet viele Chancen, Möglichkeiten und Vorteile, vor allem solchen Arbeitnehmern, die in einer Wettbewerbssituation nicht bevorzugt berücksichtigt werden.

Arbeitgeber suchen häufig zunächst eine temporäre Lösung für die zu besetzende Stelle. In diesem Fall ist das Unternehmen wesentlich weniger „wählerisch" als bei der Einstellung von festem Personal, da es sich nur um eine Anstellung auf Zeit handelt. Aspekte, Fakten, die normalerweise als K.O.-Kriterium gelten, werden in einer Personalüberlassungssituation zum Teil völlig außer Acht gelassen.

Das soll die Beziehung, die das Zeitarbeitsunternehmen zum Mandanten vorweist, nicht schmälern. Häufig arbeiten der Personalvermittler und das suchende Unternehmen über Jahre eng miteinander zusammen. Das Zeitarbeitsunternehmen hat die Unternehmenskultur gut kennengelernt, einschließlich verschiedener Entscheidungsträger. War die bisherige Personalvermittlung erfolgreich, hat der Kundenbetreuer bei der Besetzung der Stellen einen großen Spielraum.

Ihren Ansprechpartner beim Zeitarbeitsunternehmen sollten Sie als gleichzeitigen „Vermittler" nicht unterschätzen. Wenn Sie beim Intake-Gespräch positiv auffallen, haben Sie sich bereits eine gute Position erarbeitet. Der Account-Manager kann sich für Sie stark machen, und in 90 Prozent der Fälle wird der Kunde dem „Wunsch" des Vermittlers stattgeben. Das bedeutet, dass Sie eine Chance haben, Ihre Qualifikation unter Beweis zu stellen.

Nach Ablauf des Beschäftigungsverhältnisses gibt es sicherlich viele Situationen, in denen keine Flexibilität gegeben ist, und der zeitlich begrenzte Mitarbeiter wieder nach Hause geschickt wird –, auch wenn er überzeugt hat. Gleichzeitig ist der statistische Wert der übernommenen Fachkräfte recht hoch. Die Quote liegt – je nach Unternehmen – bei 30 Prozent bis 60 Prozent. Für manche kommt Zeitarbeit nicht infrage. Andere freuen sich einfach, über eine „niedrigere Schwelle" wieder in ein Arbeitsverhältnis außerhalb eines Zeitarbeitsunternehmens einzusteigen. Strategisch Denkende malen sich ihre statistischen Chancen aus, über diesen Weg in ein festes Angestelltenverhältnis zu gelangen.

Beispiel:

Bevor wir das Thema Zeitarbeit verlassen, „spinnen" wir die Geschichte weiter:

Herr Hinze kommt über Manpower oder Persona zum suchenden Unternehmen, auch wenn sich seine formale Qualifikation möglicherweise nicht so überzeugend darstellt. Die Firma ist froh, dass jemand die liegengebliebene Arbeit erledigt. Herr Hinze wird wohlwollend betrachtet, und nach einigen Wochen hat er sich exzellent eingearbeitet. Sein Umfeld schaut lediglich, ob er seine Arbeit vernünftig macht. Weitere Aspekte spielen keine Rolle. Es sind ohnehin viele Arbeitnehmer im Unternehmen tätig, die keine Akademiker sind, aber eine Funktion innehaben, bei der man einen Hochschulabschluss vermuten würde.

Herr Hinze ist auch gewiss nicht der Einzige, der über 50 Jahre alt ist; da sind viele andere, bei denen sich keiner die Frage stellt, ob sie noch „fit" und „leistungsfähig" sind, kurz: Und, wenn man tief in den Werdegang anderer Mitarbeiter hineinschauen würde, käme ans Licht, dass es bei vielen einen Erklärungsbedarf für „Jugend- oder spätere Sünden" gäbe. Sollte die Zeit kommen, zu der Herr Hinze wieder gehen soll, kann sich das keiner so richtig vorstellen. Die Story hat ein Happy End, und Herr Hinze wird in ein Angestelltenverhältnis des Unternehmens übernommen.

Es ist nicht ausgeschlossen, dass auf lokaler Ebene ein anderer Wettbewerber eine bedeutende Präsenz vorweisen kann, doch zu den „Top Five" der Zeitarbeitsunternehmen zählen:

- Randstad
- Adecco
- DIS
- Manpower
- Persona

Personalüberlassung

Über die klassische Dienstleistung der Zeitarbeit hinaus, gehört meist auch die Personalüberlassung zum Angebotsspektrum. In anderen Sprachen wird von détachement (Frankreich) oder detacheren (Niederlande) gesprochen, was die Bedeutung von entsenden in sich trägt.

Der Unterschied besteht für Personalüberlassungsunternehmen darin, dass es sich um die Entsendung einer „Kerntruppe" von eigenen Fachspezialisten handelt, die projektmäßig eingesetzt werden. So habe ich einmal in Dortmund im Rahmen der profIT (Treffpunkt für IT-Anbieter und -Anwender aus der mittelständischen Wirtschaft in Nordrhein-Westfalen) einen Vortrag mit dem Verantwortlichen bei DIS für den gesamten IT-Bereich gehalten. Die entsprechende Dame war über die Marktentwicklungen im EDV-Bereich bestens informiert. Sie verfügte über ein professionelles Team, das bei DIS fest angestellt war. Diese Personen hatten eine Qualifikation, die es ihnen ermöglichte, nach Ablauf eines Projektes sofort in das nächste einzusteigen. Ab und zu kam es vor, dass der Arbeitgeber das Personal abwerben wollte.

Bei der klassischen Zeitarbeit wird das durchaus wohlwollend gesehen; allerdings wird bei Unterschreitung einer Mindestfrist eine Provision fällig. Später hingegen hat der Kunde meistens das Recht, den Mitarbeiter ohne Ausgleichszahlung in ein festes Angestelltenverhältnis zu übernehmen. Bei der Personalüberlassung werden solche Abwerbungen mit weniger Begeisterung registriert, zumal es hier langfristige Leistungsträger des Personalüberlassungsunternehmens sind. Die Bezahlung ist selbstverständlich entsprechend wettbewerbsfähig, damit das feste Teammitglied langfristig zur Verfügung steht.

Personalsuche (Recruiting)

Der Gedanke liegt nahe: Wenn ein Zeitarbeitsunternehmen seit längerer Zeit gute Dienstleistungen erbringt und die „Zeitarbeiter" temporäre Stellen zufriedenstellend ausfüllen, dann kann die Anfrage nach mehr kommen.

Das ist eine Win-Win-Situation für alle Seiten, wie wir sie derzeit in Deutschland erleben: Ein Unternehmen ist mit dem Dienstleister für Zeitarbeitslösungen zufrieden. Die Firma stellt fest, dass der entsprechende Vermittler die Bedarfslage und Kultur gut einschätzen kann und das richtige Personal für die kurzfristigen Engpässe zur Verfügung stellt. Wenn nachfolgend Personal für eine Festeinstellung gesucht wird, z.B. der Einkaufsleiter, kommt der Kundenbetreuer zum Unternehmen, um mit einem Profil und einem Suchauftrag in anderem Rahmen wieder nach Hause zu gehen.

Die Vorteile für das Unternehmen

- Die Suche ist unkompliziert. Ein Anruf genügt, und der Vermittler kommt vorbei. Je nach Vertrauen und Dauer der Zusammenarbeit wird gar kein Vertrag unterzeichnet. Das Unternehmen ist froh, dass sich eine formelle Stellensuchprozedur erübrigt, dass keine Anzeige gestaltet werden muss, die Beantwortung von eingehenden Bewerbungsschreiben entfällt, keiner sich um die Auswahl kümmern muss und (zunächst) keine Gespräche zu führen sind. Auch muss noch kein verbindlicher Vertrag unterzeichnet werden. Kosten und Zeitaufwand halten sich in äußerst überschaubaren Grenzen.

- Den gesamten Prozess der Personalsuche übernimmt das Zeitarbeitsunternehmen. Klar, dieses Unternehmen ist nicht derart spezialisiert, dass es mit der Suche nach ganz spezifischen Spezialisten betraut werden könnte. Eine derartige Suche kann von Executive Search Consultants übernommen werden. Personalüberlassungsfirmen hingegen übernehmen gern die Suche nach dem Speditionskaufmann, dem Kundendienstmitarbeiter, dem Buchhalter oder dem Lagerleiter – Positionen mit einem mehr allgemeinen, branchenunabhängigen Profil. Die Suche wird häufig mit einer Stellenanzeige unterstützt (wobei Aufwand und Verantwortung wieder beim Zeitarbeitsunternehmen liegen).

- Hat der Personalvermittler Kandidaten gefunden, werden Termine zwischen Dienstleister, Unternehmen und Kandidaten vereinbart. Diese können manchmal etwas weniger formell sein, als es bei den „offiziellen Vorstellungsgesprächen" der Fall ist. An dieser Stelle sind meistens noch zwei Punkte zu klären:

– Probezeit:
  In den meisten Verträgen wird eine Probezeit vereinbart, und es ist naheliegend, dass der Bewerber zunächst über das Zeitarbeitsbüro vermittelt wird. Dieses Verfahren bietet dem Kandidaten keine Nachteile (außer dass er in dieser Zeit möglicherweise weniger verdient). Häufig wird dieser Zeitraum auf die später noch zu vereinbarende Probezeit angerechnet oder eine weitere Probezeit entfällt gänzlich.

– Abrechnung zwischen Zeitarbeitsunternehmen und Auftraggeber:
  Wie bereits angedeutet, ist es üblich, dass der neue Mitarbeiter (quasi als Probezeit) zunächst über den Personaldienstleister „abgerechnet" wird. Nach drei Monaten kann das Unternehmen den neuen Mitarbeiter übernehmen, ohne weitere Zahlungen an das Personalüberlassungsunternehmen. Als andere Option kann ein einmaliges Honorar fällig werden – das der Alternative in der Summe ebenbürtig sein sollte. Zu dieser Lösung wird häufig gegriffen, wenn der neue Arbeitnehmer für die neue Tätigkeit ein vorheriges festes Angestelltenverhältnis verlässt. Es kann – im Extremfall – auch sein, dass keine Probezeit vereinbart wird.

Vorteile für das Zeitarbeitsunternehmen

■ Das Zeitarbeitsunternehmen freut sich zunächst über das Renommee, das mit dieser Aktion aufgebaut wird. Der Prestigegewinn macht sich in alle Richtungen bezahlt. Das Unternehmen wird anders wahrgenommen und zieht einen ganz neuen „Kundenkreis" (interessierte Arbeitnehmer) an. Wenn die Firma bisher noch mit einer „miefigen" Vergangenheit in Verbindung gebracht wurde, stellt sich nun heraus, dass die Dienstleistung für eine neue Zielgruppe überaus attraktiv ist. Plötzlich konkurriert das ehemalige Zeitarbeitsunternehmen als „richtiger" Personalvermittler mit Headhuntern.

Natürlich ist die Vorgehensweise weniger „professionell" (es wird fast ausschließlich anzeigenunterstützt gesucht, gleichzeitig wird aber auf das individuelle Netzwerk zurückgegriffen).

Auch ist die Ebene der zu besetzenden Stellen im Allgemeinen weniger hoch angesiedelt als bei den Executive Search Consultants. Gleichzeitig liegt die Gehaltsebene unterhalb dessen, was bei Headhuntern üblich ist.

Dennoch gibt es zunehmend häufiger Überraschungen, werden gar Geschäftsführer gesucht und das sechsstellige Jahresgehalt regelmäßig „geknackt".

noch: Vorteile für das Zeitarbeitsunternehmen

- Ein weiterer Vorteil für das Zeitarbeitsunternehmen ist die Chance, ein neues Standbein aufzubauen. Wie die renommierten Headhunter in ihrem Geschäft auch nicht nur vom Executive Search abhängig sein wollen und deshalb beispielsweise Management Appraisals anbieten (Potentialanalysen der Leistungsträger), so orientieren sich die Zeitarbeitsunternehmen „nach oben". Auf diese Weise entwickeln sie sich zu Wettbewerbern für die traditionellen Personalberater, vor allem für solche, die eher Suchaufträge im mittleren Segment angenommen haben.

- Rundum festigt sich die Beziehung zum Kunden für das Zeitarbeitsunternehmen. Es ist durchaus üblich, dass die Vertrauensperson der Zeitarbeitsfirma zum „Berater" wird. Er springt ein bei Engpässen, stellt qualifiziertes Personal für Projekte zur Verfügung und sucht Personal für Festanstellungen. Darüber hinaus wird er Fragen beantworten bezüglich Gehaltseinstufungen, Trends am Arbeitsmarkt und die Bedeutung von neuen Gesetzen weitergeben, die für den Personalmarkt Relevanz vorweisen.

Vorteile für den Bewerber

Für viele mag die Vermittlung per Zeitarbeits- oder Personalüberlassungsunternehmen nicht zu den bevorzugten Strategien gehören. Dennoch sind die Vorteile nicht zu übersehen:

Der Vermittler baut eine nicht zu unterschätzende Brücke zwischen Kandidat und Unternehmen auf. Die vorhandene Vertrauensbeziehung lenkt den Fokus weniger stark auf etwaige Schwächen des Bewerbers.

Es kann sein, dass jemand in einer Phase der Neu-Orientierung einfach einen Job benötigt. Fängt diese Person beim neuen Unternehmen an, ist die Chance – wie erwähnt – recht groß, dass aus dem zeitlich begrenzten Projekt eine Festeinstellung beim Unternehmen wird. Natürlich können Unternehmen wie Vermittler bereits im Vorfeld sagen, ob diese Chance überhaupt gegeben ist.

Da es dem Unternehmen an erster Stelle darauf ankommt, dass die Arbeit vernünftig erledigt wird und das „Risiko" überschaubar ist (Vertrag zunächst mit Zeitarbeitsunternehmen parallel zur positiven Einschätzung des Vermittlers), kann diese Vorgehensweise eine echte Chance für Bewerber sein. Wer sich bei „normaler" Vorgehensweise im Wettbewerbsumfeld schwer tut, sieht die Situation anders. Betroffen sind insbesondere:

- Frauen, die nach der Kinderpause beziehungsweise Frauen wie Männer, die nach der Elternzeit wieder einsteigen möchten

- Personen, die aufgrund ihres Alters gegen Vorurteile kämpfen

- Personen, die ihren „vorherigen" Beruf aufgrund körperlicher Beschwerden nicht länger ausüben können und eine neue Chance benötigen

- Bewerber mit einem erklärungsbedürftigen Lebenslauf, etwa wegen Arbeitslosigkeit, Umzugs, Studienabbruchs oder Umschulung

8. Profil anlegen bei XING

Was ist XING?

Wir leben in der Zeit des Web 2.0. Das ist eine interaktive Welt der Communities. Auf Neu-Deutsch handelt es sich hierbei um eine „virtuelle Gemeinschaft". Falls das noch zu vage ist, hilft vielleicht der Begriff „Begegnungsplattform" weiter. Im Netz finden sich Gleichgesinnte, die auf einem Server ihr Profil eintragen. Der Name der Community weist meist auf das verbindende Element hin. Es kann sich um Musik drehen (man stellt seine eigenen Songs im MP3-Format zur Verfügung und lässt seine Kreativität bewerten). Andere Communities zeigen Videos. Bei wieder anderen schließen sich Studenten zusammen, sie stellen ihre Bilder ins Netz oder philosophieren über bestimmte Themen.

2003 wurde in Deutschland eine solche Plattform mit dem derzeitigen Namen XING gegründet. Das frühere OpenBC stand für „Business Club". Die Grundidee ist, dass Anbieter von Dienstleistungen und Produkten auf potentielle Interessenten treffen. Das sollte über ein „Matching" ermöglicht werden: Wenn „ich angebe, was mich interessiert (ich suche)", dann ist XING in der Lage, mir Personen zu zeigen, die genau dieses anbieten (ich biete). Die Idee war bestechend, und bald registrierten sich 500 000 Mitglieder in zwölf Ländern mit Schwerpunkt Deutschland. Die Mitgliedschaft war (und ist) gratis, eine Premium-Mitgliedschaft ist für etwa sechs Euro im Monat möglich. Die Gegenleistung dafür sind spezifische Suchfunktionen, um beispielsweise zu sehen, wer sich für mein Profil interessiert.

Von Anfang an existierte bereits eine Zusatzfunktion, die bald den Erfolg von XING begründen sollte. Jeder kann vergangene berufliche Stationen und ehemalige Arbeitgeber aufführen. XING bietet an, allen die eingetragenen Personen zu zeigen, die dieselben Unternehmen und Arbeitgeber genannt haben. Für viele ein „Aha-Erlebnis". Plötzlich den Carl, Frank oder Jan und auch die Susi, Waltraud sowie Marion wiederzufinden und alte Kontakte aufleben zu lassen, ist für viele Grund genug für einen Beitritt. Es handelte sich quasi um ein Abfallprodukt, das sich abseits der ursprünglichen Idee des „Suchens und Findens" eines Produktes oder einer Dienstleistung etablierte.

Die Auflistung vergangener Arbeitgeber, meistens auch mit der Erwähnung der vorherigen Stellenbezeichnungen, weckte rasch die Begehrlichkeiten seriöser Personalberater. Die Suchfunktion der hinter XING liegenden Datenbank war flexibel und zielführend. Die Felder boten ideale Möglichkeiten, Suchkriterien zu kombinieren, Arbeitgeber, Branche, Stadt, Funktion. Vielleicht noch angereichert um einige Begriffe aus „ich biete".

War der Eintrag des Lebenslaufs bei Monster & Co. immer ein wenig mit „Heimlichtuerei" verbunden, konnte es keiner (auch nicht der derzeitige Arbeitgeber) übel nehmen, sich bei XING zu registrieren. Wer trifft nicht gern alte Bekannte? Nur dazu sollten die bisherigen Arbeitgeber eingetragen werden! Oder warum sollte man keine Beatles-Schallplatten suchen dürfen oder Ersatzteile für seinen englischen Oldtimer?

Je rasanter die Anzahl der Mitglieder wuchs (heute zählt XING über vier Millionen Mitglieder), umso präziser konnten die Suchkriterien von Headhuntern definiert werden, um doch noch eine vernünftige Trefferzahl zu erzielen.

Fundgrube für Personalberater

In der Tat: Personalberater sprechen qualifizierte Fach- und Führungskräfte häufig mehrmals pro Woche über XING an. Die Kontaktaufnahme erfolgt problemlos und für keinen ersichtlich. Da wundert es nicht, dass für viele gerade dieser Aspekt das größte Interesse findet. Hat man keine Schwierigkeiten damit, seinen Status als „Arbeit suchend" zu definieren, ist es gar möglich, unter „ich biete" spezifisch auf sein Kompetenzprofil einzugehen.

XING kann durchaus auch als Katz-und-Maus-Spiel verstanden werden. Headhunter können ein Profil besuchen. Die Premium-Mitglieder können sogar eine Übersicht abrufen, wer ihre Selbstdarstellung aufgerufen hat. Es bleibt nicht aus, dass man detailliert schaut, wer denn wohl Interesse gezeigt hat und warum. Auch der Grund des Besuchs sowie die Suchkriterien, die dazu geführt haben, dass der Gast Sie überhaupt gefunden hat, werden aufgeführt. Nichts ist naheliegender, als dass Sie dem Interessenten einen Gegenbesuch abstatten und prüfen, ob Sie den ersten flüchtigen Kontakt des Besuchers vertiefen möchten. Wenn ja, ist dieses ohne Komplikationen möglich. Handelt es sich um einen Headhunter, können Sie freundlich nachfragen, ob Sie ihm Ihre Unterlagen einmal zusenden sollen.

Mit XING Interesse streuen und Aufmerksamkeit gewinnen

Katz-und-Maus deshalb, weil Sie den Prozess umdrehen können. Auch Sie können Suchkriterien definieren:

Geben Sie beispielsweise bei „Branche" „Personalberater", „Headhunter" oder „Executive Search" ein. Bei „Ich suche" (nun aus Sicht des Headhunters) geben Sie beispielsweise „SAP" oder gar eine Kombination „Vertrieb" und „SAP" ein. Sollten Sie noch in Ihr Traumland die Schweiz oder in Ihre Lieblingsstadt Wien ziehen wollen, geben Sie „Zürich" oder auch die österreichische Hauptstadt an.

Nun verhält es sich umgekehrt. Es werden Ihnen beispielsweise 40 Personen angezeigt, die den definierten Kriterien entsprechen. Sie besuchen sie einzeln. Der Executive Search Consultant in Zürich stellt fest, warum Sie sich für sein Profil interessiert haben. Auch Personalberater sind neugierig (und möchten Geld verdienen), deshalb werden diese wieder zu 90 Prozent bei Ihnen vorbeischauen. Wieder ist die Tür weit offen, zumindest für einen Dreizeiler. Der Umgangston ist recht freundlich, die Chance, dass Sie sich eine „blutige Nase" holen, äußerst gering.

Natürlich können Sie auch ganz gezielt nach Russell Reynolds, Korn/Ferry International oder Spencer Stuart als Headhunter suchen und Ihre weiteren Suchkriterien eingeben. Sie werden feststellen: Alles, was Rang und Namen hat als Executive Search-Unternehmen, ist bei XING vertreten. Die Eingabe eines bestimmten auf Personalberatung spezialisierten Unternehmens lässt bereits vermuten, dass Sie mit diesem Unternehmen bereits gute Erfahrungen gesammelt haben und daher explizit danach suchen.

9. Interim Management

Die Übersicht alternativer Vorgehensweisen in Bezug auf den traditionellen Bewerbungsprozess wäre ohne die Perspektive Interim Management nicht vollständig.

Was ist ein Interim Manager?

Das Interim Management oder auch Management auf Zeit ist im Kommen, wenn auch die Bedeutung noch relativ gering ist; es liegt wenig verlässliches Zahlenmaterial vor.

Zunächst grenzt sich das Interim Management von der Zeitarbeit oder auch der Personalüberlassung dadurch ab, dass es sich um eine deutlich andere Verantwortungsebene handelt. Ein Vergleich mit der Unternehmensberatung käme der Bedeutung schon näher.

Bei der Zeitarbeit versuchen Unternehmen, einen (möglicherweise vorübergehenden) Personalengpass zu überbrücken. Oft handelt es sich um Tätigkeiten, die ohne großes Anlernen ausgeführt werden können. Im besten Fall verdient der Zeitarbeiter das gleiche Gehalt wie der eigentliche Stelleninhaber.

Die Abgrenzung zum Unternehmensberater wird schon interessanter. Der Consultant bleibt ein Außenstehender, der auf unterschiedlichen Ebenen in der Unternehmensstruktur beraten kann. Er übernimmt keine disziplinarische Verantwortung und ist nicht weisungsbefugt. Die von ihm vorgeschlagenen Konzepte implementiert in der Regel das hauseigene Management. Der Berater kann zur Seite stehen, vielleicht noch moderieren, präsentieren oder gar bei gewissen Schulungen, Versammlungen und Arbeitsgruppen anwesend sein. Wenn es sich aber um die Umsetzung handelt, werden die Aktionen immer von der internen Struktur, den Linienmanagern, vorgenommen.

Interim Manager: Funktion, Kompetenz, Aufgaben

Interim Manager fügen sich in die Unternehmensstruktur ein und werden Teil der Organisation. Die Aufgabenstellung definiert die hierarchische Ebene. Der Turnaround-Manager wird vermutlich als Geschäftsführer tätig werden. Es kann aber auch sein, dass ein QS-System aufgebaut und implementiert werden soll. So wird der Qualitätssicherungs-Manager seine Rolle für sechs, neun oder zwölf

Monate antreten und in dieser Zeit beispielsweise an den Geschäftsführer oder den Vice-President Quality Assurance berichten.

Interim Manager sind weisungsbefugt und werden – im Falle eines Geschäftsführers – auch im Handelsregister eingetragen, damit sie vertragsrechtlich handlungsfähig sind und entsprechende Unterschriften leisten können.

Interim Manager erhalten aber kein „Angestelltenverhältnis" (auch nicht zeitlich begrenzt), sondern arbeiten als selbständige Mitarbeiter, die dem Unternehmen – normalerweise auf monatlicher Basis – eine Rechnung zukommen lassen. Alternativ kann es sein, dass die Rechnung über einen Dienstleister erstellt wird, der die Vermittlung vorgenommen hat. In diesem Fall wird – im Innenverhältnis zwischen dem Interim Manager und dem Dienstleister – eine Provision fällig, die sich meistens um die 30 Prozent bewegt.

„Management auf Zeit" sagt bereits, dass es sich um einen zeitlich begrenzten Einsatz handelt, der eine vorher definierte Zielsetzung beschreibt. Vielleicht soll ein Unternehmen vor der Insolvenz gerettet werden (Sanierung)? Ein Designer, Produktentwickler, Projekt-Manager kann in der Automobilindustrie unterstützen, damit dem Markt eine größere Modell-Offensive rechtzeitig zur Verfügung steht. Es kann sich auch um den Interim Manager handeln, der die Lücke zwischen den Generationen überbrückt. Der Gründer tritt zurück (aus gesundheitlichen oder Altersgründen) oder verfolgt andere Interessen, die nachfolgende Generation ist bereits im Unternehmen, aber noch nicht erfahren genug, um schon die Unternehmensführung zu übernehmen. So sorgt der Manager auf Zeit über zwei, drei oder auch mehrere Jahre hinweg für Kontinuität und einen lückenlosen Übergang.

Honorar: Was Interim Manager verdienen

In Deutschland bestreiten etwa 20 000 Interim Manager ihren Lebensunterhalt mit Management auf Zeit. Die Nachfrage wächst. Über die Tagessätze liegen äußerst unterschiedliche Angaben vor, von 500 bis 8 000 Euro vor. Die Realität ist wohl, dass sich die Tagessätze meistens bei 1 200 bis 2 000 Euro einpendeln. Je bedeutender die Aufgabenstellung (Geschäftsführer), je renommierter der Ruf des Interim Managers (Projekterfahrung, vorherige Erfolge), umso höher die Honorare. Gleichzeitig gilt, dass bei einem längeren Einsatz die Honorare etwas sinken. Ein Professional, der ein Unternehmen wieder auf Kurs bringt, kann als Geschäftsführer für den Zeitraum von einem bis zwei Jahren Tagessätze von 2000 bis 3000 Euro in Rechnung stellen.

Qualifikation und Fähigkeiten

Die spezifischen Anforderungen ergeben sich aus der auszuführenden Tätigkeit. Für den Spezialisten – etwa Initialisierung eines QS-Systems mit anschließender Zertifizierung – mag das eindeutig sein. Der Generalist – z.B. der Turnaround-Manager – muss mehr als eine formelle akademische Qualifikation vorweisen. Er sollte durchaus Erfahrung mitbringen, auf hoher Ebene strategische Entscheidungen mit weitreichenden finanziellen Konsequenzen zu treffen.

Häufig wird verlangt, dass der Manager in der Lage ist, mit Banken und Gläubigern zu verhandeln, Konzepte zu entwickeln und zu präsentieren. Erfolgsentscheidende Soft Skills sind: Überzeugungskraft, Charisma, ein gewinnendes Wesen, eine positive Lebenseinstellung, Hartnäckigkeit und Durchsetzungskraft.

Die Palette der persönlichen Voraussetzungen, der Soft und Hard Skills, über die Interim Manager verfügen sollten, ist umfangreich:

Anforderungsprofil für Top-Kräfte auf Zeit
▪ Führungspersönlichkeit
▪ fachliche und soziale Kompetenz
▪ Kreativität
▪ Engagement
▪ Durchsetzungsvermögen
▪ Zuhören können
▪ überdurchschnittliche Motivation
▪ in kurzer Zeit Ergebnisse liefern
▪ Eröffnung neuer Perspektiven für das Unternehmen
▪ Fähigkeit, unter Hochspannung zu arbeiten
▪ Interesse, etwas zu verändern
▪ numerische und verbale Fähigkeiten
▪ selbständiges Erarbeiten abstrakter Problemlösungen
▪ Bereitschaft für wechselnde Einsatzorte

noch: Anforderungsprofil für Top-Kräfte auf Zeit

- Flexibilität: Beweglichkeit bei der Verfolgung von Zielen
- Leistungsmotivation: Erwartungsspanne, Erfolgsstreben
- Stressresistenz: Arbeitsfähigkeit in psychosozialen Belastungssituationen
- Hartnäckigkeit: Umgang mit Schwierigkeiten, die bei der Zielerreichung behindern

Aus: Vera Bloemer: Interim Management. Top-Kräfte auf Zeit.
Abdruck mit freundlicher Genehmigung von Metropolitan/Walhalla
Fachverlag.

Vermeintliche Nachteile wie das Alter können sich für Interim Manager in Vorteile verwandeln. In Deutschland mögen die grauen Schläfen in manchen Unternehmen bei Festeinstellungen weniger hoch im Kurs stehen, sobald das Schicksal einer Firma in die Hände eines Außenstehenden zu legen ist, werden Berufs- und Lebenserfahrung wundersam schnell als bedeutende Vorzüge angesehen.

Wie werde ich Interim Manager?

Für viele erscheint der Schritt als Notlösung. Das mag am Anfang der Fall sein. Sobald sich Erfolg abzeichnet in diesem Metier, gibt es viele, die nicht mehr in ein Angestelltenverhältnis zurückkehren möchten. Andere kommen zufällig zum Interim Management. Sie werden über XING angesprochen oder ihre Bewerbungsversuche „enden" als Management auf Zeit. Viele erleben dann das erste Mal Freiheit, eine interessante Bezahlung sowie weitere Vorteile der Selbständigkeit – und sie machen aus der Not eine Tugend.

Wer strategisch vorgehen möchte, hat wohl zwei grundsätzliche Möglichkeiten:

Direkte Akquisition

Der Interim Manager schaltet eine Anzeige in der FAZ, gestaltet seinen Lebenslauf entsprechend bei Karriere-Portalen, schreibt Unternehmen direkt an, bewirbt sich auf entsprechende Anzeigen oder platziert seine Anzeige bei einer Internet-Suchmaschine, wenn das gewünschte Suchwort eingegeben wird.

Anschluss (Listing) bei einer Interim Management Organisation

Die wachsende Bedeutung des Interim Management zeigt sich auch darin, dass Sie bei Google über zwei Millionen Einträge finden, wenn Sie das Wort Interim Management eingeben. Sie werden mit Namen von Beratungsunternehmen oder Headhuntern konfrontiert, von denen Sie gar nicht wussten, dass sie auch in diesem Bereich tätig sind.

Auch die ZAV (Bundesagentur für Arbeit) vermittelt eine zunehmende Zahl von Kandidaten als Interim Manager. Intern wird bereits von zehn Prozent aller vermittelten Personen gesprochen. Informationen auch unter: www.flexarbeiter.de

Das ist eine – aus meiner Sicht – äußerst interessante Anlaufstelle, als Einstieg in dieses Thema. Ich könnte hier auf die unterschiedlichen Anforderungen und Modelle, die zu einer Zusammenarbeit mit einem Anbieter führen können, eingehen. Es ist aber interessanter, wenn Sie Ihren eigenen Weg suchen. Zu unterschiedlich sind die Ausprägungen, die Marktsegmente, die bedient werden, die Spezialisierungen der Lösungsansätze, die hierarchischen Ebenen, die besetzt werden. Klicken Sie sich durch, und finden Sie heraus, welcher Kooperationspartner für Sie infrage kommt. Nehmen Sie Kontakt auf und lassen Sie sich eintragen in den Pool der Interim-Manager. Sobald Sie einmal Erfolge vorweisen, entsteht eine Win-Win-Situation – für Sie sowie für die Dachorganisation.

Die Akquisition wird weitgehend vom Dienstleister übernommen, der häufig über einen exzellenten Ruf verfügt. Sie entrichten dafür einen gewissen Prozentsatz Ihrer Honorare an die Organisation, die im Normalfall (zumindest in Deutschland) auch die Fakturierung übernimmt und somit die Provision sogleich verrechnet.

In der Zusammenarbeit mit Dienstleistern oder bei einer freiwilligen Mitgliedschaft, etwa der DDIM (Dachgesellschaft Deutscher Interim Manager) unterliegt man – selbstverständlich – gewissen (Selbst-)Verpflichtungen (www.ddim.de).

Wer sich intensiv mit dem Interim Management befassen möchte, dem sei die hochinformative Lektüre von Vera Bloemer empfohlen: „Interim Management: Top-Kräfte auf Zeit. Aufgaben, Auswahl, Kosten", erschienen im Metropolitan Verlag.

10. Netzwerke und Empfehlungen

Es ist immer hilfreich, die eigene Verfügbarkeit in seinem (sozialen) Netzwerk kundzutun. Natürlich soll die Umgebung von Ihnen einen guten Eindruck gewonnen haben, Ihre Erfolge kennen und Sie gern empfehlen. Ein Netzwerk kann, je nach Lebenssituation, unterschiedlich aussehen. Es handelt sich um Freunde, Geschäftspartner, ehemalige Kollegen, Alumni aus dem MBA-Aufbaustudium, Kommilitonen und dergleichen.

Es wäre falsch, die Nase zu rümpfen und Netzwerke gleichzusetzen mit oder gar zu reduzieren auf das sogenannte „Vitamin B". Bei dieser Wahrnehmung schwingt immer mit, dass eine Organisation sich dann wohl nicht für den „Besten", sondern für den „Erstbesten", eben denjenigen, der „gepushed" wird, entscheidet.

Das aber entspricht nicht wirklich dem Bewerbungsprozess. Ich kehre zum ersten Kapitel zurück und betone nochmals die – teilweise – Hilflosigkeit der Entscheidungsträger: Aus dutzenden Bewerbern sollen die richtigen Personen eingeladen werden (im Wissen, dass mit höchster Wahrscheinlichkeit nicht die eingeladen werden, die möglicherweise noch besser geeignet wären, sich aber nicht qualifiziert darstellen können). Anschließend werden Gespräche geführt, und auch hier weiß der Entscheidungsträger wieder (vor allem, wenn das Führen von Bewerbungsgesprächen eher die Ausnahme ist), dass er nicht weiter als vor die Stirn schauen kann. Es ist ihm bewusst, dass er sich möglicherweise von Sympathie, einem gewinnenden Wesen und Charme einnehmen lässt. Der Fachbereichs- oder Personalleiter sieht sich nicht immer imstande, zwischen Schein und Sein zu differenzieren.

In einer solchen Situation wünscht man sich, dass ein Gesicht aus der Masse hervorragt, weil eine Empfehlung ausgesprochen wurde. Diese Person würde normalerweise nicht besonders auffallen und vielleicht gar nicht eingeladen. Nun aber wissen Sie – als Entscheidungsträger –, dass es sich um einen „High-Performer" handelt, um jemanden, der in der Vergangenheit Leistungen erbracht und Erfolge verbucht hat. Das Risiko verringert sich. Außerdem kennen Sie die Person, die Ihnen den Hinweis gab, und schätzen diese als zuverlässig und integer ein. Es wundert nicht, dass dieser Kandidat bereits im Vorfeld deutliche Pluspunkte verbuchen kann.

Den Bewerbungsalltag gestalten

7

Wir haben im zweiten und dritten Kapitel gesehen, wie Sie Ihr optimales Bewerbungsprofil definieren. In diese Überlegung sind Ihre Neigungen, Fähigkeiten, Werte sowie der berufliche Werdegang eingeflossen. Im vierten Kapitel haben wir uns den Bewerbungsunterlagen zugewandt. Wie können diese Ihre fachliche und persönliche Kompetenz reflektieren? Im sechsten Kapitel haben wir dann ausgelotet, wie Sie mit Ihren Bewerbungsunterlagen den passenden Job finden.

Sie erschließen den verdeckten Arbeitsmarkt, indem Sie nicht nur von einer ausgeschriebenen Stelle, sondern von sich selbst ausgehen. Sie suchen die vakante Position, die zu Ihnen passt. Natürlich ist es keineswegs verwerflich und in Einzelfällen sogar zielführend, wenn Sie auch die ausgeschriebenen Stellen im Auge behalten.

1. Mut zur Veränderung

In diesem Kapitel sehen wir, wie Sie den Bewerbungsalltag gestalten. Dabei ist folgende Differenzierung zu berücksichtigen:

- Sie stehen noch im Arbeitsverhältnis.

Wir hatten uns bereits an anderer Stelle kurz die Vor- und Nachteile der Situation angeschaut, in der Sie nicht „unter Druck" stehen. In den Augen Ihres Umfeldes handelt es sich vielleicht um ein „Luxusproblem", wenn Sie vorhaben, freiwillig die Arbeitsstelle zu wechseln. Das mag so sein – in Wirklichkeit ist die Herausforderung aber nicht unbedeutend. Sie müssen neben dem beruflichen Alltag auch noch eine Bewerbungsoffensive starten. Es gelingt Ihnen wahrscheinlich nur unter großen Mühen, monatlich einige wenige Bewerbungen auf den Weg zu bringen. Entsprechend lange kann es dauern, bis Sie zu Ihrem Erfolg kommen.

- Sie stehen nicht länger in einem angestellten Arbeitsverhältnis.

Ich kenne mehrere Personen, die diesen „Druck" bewusst und freiwillig herbeigeführt haben, indem sie selbst gekündigt haben, ohne dass eine nächste Stelle in Aussicht war. Es ist gewiss nicht meine Absicht, zu dieser Vorgehensweise zu raten. In manchen Fällen war die Kündigungsfrist aber mit neun bis zwölf Monaten derart Zeit raubend definiert, dass sich die Bewerber zu diesem Schritt gezwungen sahen. Andere Personen wussten wiederum, dass sie diesen Schritt benötigten um den „Druck" zu spüren und dadurch ihre Effektivität zu erhöhen. Damit möchte ich zum Ausdruck bringen, dass es auch Vorteile hat, wenn Sie sich dem nächsten Schritt völlig widmen können.

Für viele ist dieses Spannungsfeld aber unfreiwillig. Es wird als unangenehm wahrgenommen. Ziel ist es, möglichst schnell diese Herausforderung zu meistern und in ein neues Angestelltenverhältnis zu gelangen.

Wirklichkeitsfern ist, eine erzwungene Neu-Orientierung als emotionale Lappalie zu betrachten. Es handelt sich nicht um eine technische Fragestellung (wie erstelle ich meine Unterlagen in Top-Qualität?), bei der Sie als Mensch außen vor bleiben.

2. Stellen Sie sich Ihren Gefühlen

Dieses Buch will kein psychologischer Ratgeber sein. Aber – ähnlich wie in einer partnerschaftlichen Beziehung, die zu Ende geht – handelt es sich beim Arbeitgeberwechsel um das Ende einer Arbeitsbeziehung. Wie auch im „normalen Leben" viele zu schnell von einer Beziehung in die andere wechseln und dabei vergessen, dass Emotionen verarbeitet sein wollen, so verschließen sich manche Bewerber vor Aspekten wie Trauer und Verlustverarbeitung.

Sie erwidern – und das nicht zu Unrecht –, dass man sich den Luxus einer ausgiebigen Seelenschau gar nicht leisten kann, wenn das tägliche Brot verdient sein will. Das trifft mit Sicherheit zu. Gleichzeitig nehmen Sie sich aber als Mensch mit. Häufig sind Sie gar nicht in der Lage, an anderer Stelle einen positiven Eindruck zu hinterlassen, solange Schuldzuweisungen, Selbstmitleid und Unsicherheit noch mitschwingen.

William Bridges, Experte für Veränderungssituationen, zeigt folgendes Bild, das Personen, die aus dem Alten herausgehen, um Neuland zu betreten, beschreibt. Ich führe es an, weil es sich gar nicht vermeiden lässt, dass Sie als Mensch im Bewerbungsprozess mit Emotionen konfrontiert werden. Sie leben letztendlich ganzheitlich, und die Neuorientierung findet gewiss nicht nur auf der sachlichen Ebene statt.

Krise und Transition im Lebenslauf

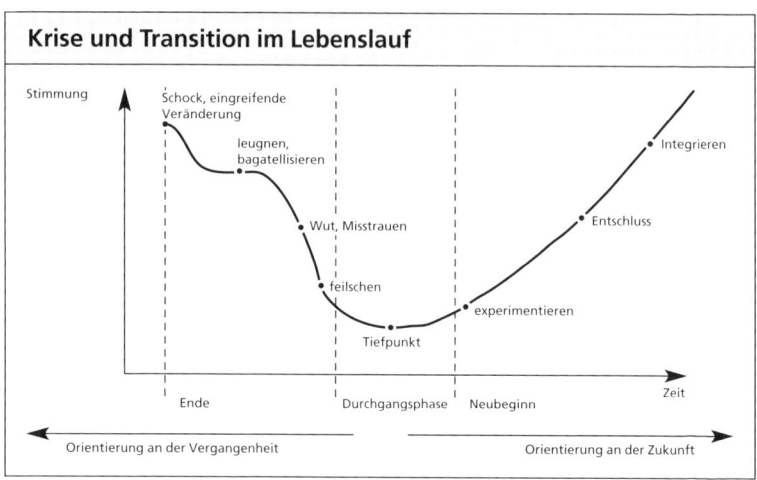

Bridges stellt fest, dass man sich schwer tut, wirklich aus der alten Situation (in diesem Fall: dem Angestelltenverhältnis) auszusteigen. Es lohnt sich also, wenn Sie sich bewusst mit Ihren Gefühlen, Ängsten, etwaiger Bitterkeit und Unsicherheit auseinandersetzen. Tun Sie dies nicht, kommt die Anspannung wahrscheinlich dennoch zum Ausdruck. Ihnen fehlt noch die Souveränität, die Sie für die nächsten Schritte benötigen. Nach einer gewissen Zeit, bei positiver Verarbeitung, erreichen Sie die Durchgangsphase – auch die „neutrale Zone" genannt. Aus dieser heraus starten Sie durch und machen einen Neubeginn.

Selbstverständlich verfügen Sie nicht über lange Zeiträume, in denen Sie ausschließlich um die eigene Gefühlswelt kreisen können. Das wäre auch keineswegs hilfreich. Ich kenne aber zu viele Führungskräfte, die sich krampfhaft auf einen Aktionismus versteifen, nur damit sie nicht von den eigenen Emotionen eingeholt werden, deshalb:

Meine Einladung an Sie (und ich weiß, das ist nicht einfach):

Entscheiden Sie sich für eine Parallel-Strategie! Gehen Sie konkret vor und schauen Sie, dass Sie sich jeden Tag irgendwo bewerben (dazu gleich mehr). Seien Sie aber gleichzeitig für Ihre möglichen Verletzungen und Gefühle offen und gehen Sie positiv damit um.

Einige konkrete Anregungen:

Gefühle erkennen, zulassen und positiv bewerten

- Suchen Sie nicht unbedingt die Schuld bei sich selbst. Vielleicht waren Sie einfach zum falschen Zeitpunkt an der falschen Stelle. Sie leben in einer globalen Gesellschaft, in der Arbeitsplatzverlagerungen an der Tagesordnung sind. Diese haben mit Ihnen und Ihrer Qualifizierung nichts zu tun.

- Vielleicht lag die „Schuld" bei Ihnen. Was können Sie lernen? Welchen Fehler können Sie das nächste Mal vermeiden? War die Unternehmenskultur nicht passend? Hatten Sie Schwierigkeiten mit Ihrem Vorgesetzen? Worauf werden Sie das nächste Mal genauer achten?

- Sie waren in der Vergangenheit wahrscheinlich nicht nur glücklich. Sehen Sie die Krise als Chance. Endlich können Sie sich aus der Provinz weg orientieren. Vielleicht gelingt Ihnen nun der Sprung ins Ausland. Möglicherweise ist dieses die Chance, eine Führungsposition zu erlangen.

- Haben Sie auf Personen, die arbeitslos waren, herabgeschaut? Nun erleben Sie diesen Zustand am eigenen Leibe. Wenn Sie damit gut umgehen, werden Sie milder in der Persönlichkeit und gewinnen an persönlicher Kompetenz.

- Wenn Sie diese Situation „überlebt" haben, stellen Sie fest, dass Sie sich „angstauslösenden Situationen" stellen und daran reifen können. Es wurde festgestellt, dass solche Erlebnisse zu einer charismatischen Ausstrahlung führen, die Ihr Umfeld wahrnimmt!

- Relativieren Sie Ihre Situation. Sie kennen Dutzende Personen in Ihrem Umfeld, die bereits einen Arbeitsplatzverlust erlebt haben. Nun sind Sie dran. Sie lernen den Unterschied kennen, diese Tatsache bei anderen zu beobachten oder sie selbst zu erfahren.

- Sie sind nun gezwungen, Kreativität in anderer Weise in eigener Sache anzuwenden. Sie werden die kommenden Wochen und Monate Marketing für sich selbst betreiben, persönliche Gespräche führen, telefonieren. Neue Fähigkeiten werden Sie einsetzen. Die Situation stellt eine Lebensbereicherung dar.

3. Sie sind wertvoll – auch ohne Job

Dieser kleine Exkurs zum Thema Selbstwertgefühl muss sein. Auch wer glaubt, in der aktuellen Ausnahmesituation in gewohnter Weise wie ein Fels in der Brandung zu stehen, ist nicht gefeit vor Selbstzweifeln.

Wohl jeder stellt sich in einer Änderungssituation die Frage nach seinem Wert. Vorher – im Angestelltenverhältnis – schien dieser messbar zu sein. Sie erhielten jeden Monat Ihr Gehalt. Dazu fuhren Sie vielleicht einen Firmenwagen. Möglicherweise hatten Sie Einfluss auf die Ausstattung. Und die Buchstaben nach dem Kreiskennzeichen repräsentierten Ihre Initialen. Die Liste lässt sich mit einer Bonus-Regelung, Stock-Options, einer betrieblichen Altersvorsorge (BAV) und weiteren Privilegien wie den Zugriff auf ein Sekretariat fortsetzen. Diese Insignien der Macht waren vielleicht die Äquivalenz für Ihren Beitrag zum Unternehmenserfolg –, und das Prinzip lautete somit: Wert durch Leistung!

Dieses System ist (nicht nur) in Deutschland gängig, und unbewusst wird es von uns akzeptiert und übernommen. Dennoch ruft der Umkehrschluss ein düsteres Szenario hervor. Hat derjenige, „der nicht leistet", keinen Wert? Freunde von mir haben einen schwer behinderten Sohn, der – in diesem Sinne – keine Leistung erbringt. Wie sieht es mit seinem Wert aus?

Anselm Grün sieht den Wert in unserer Existenz, in unserem Sein. Wenn Sie dem zustimmen, haben Sie ein exzellentes Übungsfeld, diese Wahrheit in die Praxis umzusetzen. Das ist nicht immer einfach. Schließlich gehen Sie nun tagsüber einkaufen. Ihre Nachbarn sehen Sie zu ungewohnten Zeiten. Sie haben das Empfinden, dass Ihr Verhalten einer Erläuterung bedarf. Sie schauen sich im Spiegel an und sehen nicht länger den Direktor, den Hauptabteilungsleiter oder die Geschäftsführerin. Es schaut Sie *der Mensch* an, der Sie sind. Welche Gefühle hegen Sie ihm gegenüber? Wenn Sie sich in der Souveränität üben, dass Sie sich – möglicherweise mehrmals am Tag – sagen „Du bist wertvoll, unabhängig von Deiner Leistung, nur aufgrund Deines Seins", dann werden Sie dieses bei Ihren Bewerbungsaktivitäten ausstrahlen. Das kann einem Befreiungsschlag gleichkommen.

Gewiss, dieses sind erhabene – und für manche nahezu zynische – Überlegungen, wenn Hartz IV am Horizont sichtbar wird. Dennoch sind es gerade die Krisensituationen, die uns zu den grundlegenden Entscheidungen zwingen, die für unser Leben eine Bereicherung darstellen können und uns die Kraft zum nächsten Schritt geben. Bewahren Sie sich Ihr Selbstwertgefühl, trainieren Sie es: Sie sind wertvoll – auch ohne Job!

4. Ein gesunder Rhythmus und eine Bewerbung pro Tag

Richten Sie sich einen regelmäßigen Tagesablauf ein. Das bringt Ruhe und Kontinuität und die Fähigkeit, mit der aktuellen Situation gelassen umzugehen. Das ist wichtig. Himmelhochjauchzend und zu Tode betrübt sind – wie andere Extreme – wenig effektiv. Jeden Tag eine Bewerbung ist für Ihre Ausgeglichenheit besser als viele Bewerbungsschreiben auf einmal mit anschließendem Nichtstun und Herumhängen.

Sollten Sie einen Textmarker zur Hand haben, dann leuchten Sie bitte diese Zeilen an! Ich kann deren Bedeutung nicht genug betonen.

Beispiel:

Herr Müller war zwölf Jahre beim Automobilzulieferer in führender Position. Teile der Produktion wurden nach China verlagert. Herr Müller erhielt nun die Option, für vier Jahre nach China zu ziehen, schließlich hatte er die Produktion dort aufgebaut. Das kommt für ihn nicht infrage.

Im Stammhaus ist für ihn keine adäquate Stelle mehr verfügbar. Er unterschreibt eine Aufhebungsvereinbarung und wird freigestellt. Sein Gehalt bezieht er noch sechs Monate.

Herr Müller benötigt zunächst einmal Zeit, die Ereignisse zu verarbeiten. Er stellt fest, dass sein Unternehmen auch ohne ihn auskommt. Die Kontakte zu ehemaligen Kollegen brechen ab. Sie leben in einer Welt, die nicht länger die seine ist. Er konzentriert sich auf die Gegenwart und seine Zukunft. Es werden ihm – vielleicht nach eher mühsamen Anfängen des sich Bewerbens auf ausgeschriebene Stellen – die Prinzipien des verdeckten Arbeitsmarktes bewusst. Er sieht plötzlich ungeahnte Möglichkeiten und ist begeistert, dass er nun den Prozess steuern kann, und entwickelt eine richtige Bewerbungsoffensive:

Headhunter werden angeschrieben und Initiativbewerbungen versendet. Profile werden bei Karriere-Portalen und XING angelegt. Herr Müller trägt seine 30 Bewerbungen auf die Post und sagt: „Alea iacta es." Er lehnt sich zurück und hat ein gutes Gefühl dabei, dass er seine Zukunft in die eigene Hand genommen hat.

Seine Aktionen hat er in einem Excel-Spreadsheet dokumentiert. Spalten für die Eingangsbestätigungen sowie die weitere Korrespondenz sind vorbereitet. Am nächsten Tag legt er – sozusagen – die Füße hoch und setzt sich mit einem zufriedenen Lächeln neben das Telefon. In der Tat erhält er erste Rückmeldungen auf seine Bewerbungen. Er trägt die Zwischenbescheide ein und harrt der Dinge. Nach etwa zwei Wochen sieht die Welt folgendermaßen aus:

Er hat fünf Eingangsbestätigungen erhalten.

Zehn Bewerbungen hat er zurückgeschickt bekommen.

Er wird zweimal zum Vorstellungsgespräch eingeladen.

Herr Müller ist mit der Zwischenbilanz zufrieden. In der dritten Woche hat er beide Vorstellungsgespräche hinter sich gebracht. Bei einem Unternehmen möchte er gar nicht anfangen; unabhängig davon hat er auch nicht den Eindruck, dass er in die engere Auswahl gelangen würde.

Beim anderen Unternehmen sieht es interessanter aus: Er wird zum zweiten Gespräch geladen. Dieses findet eine Woche später statt. Am Ende der vierten Woche schaut er auf das zweite Gespräch zurück. Auch das ist – aus seiner Sicht – erfolgreich verlaufen. Er steht mit zwei anderen Kandidaten im Wettbewerb. In der fünften Woche ist er sehr gespannt und hofft täglich auf die Zusage. Er meldet sich nochmals telefonisch beim Arbeitgeber. Man ist freundlich zu ihm und bestätigt, dass er einen guten Eindruck hinterlassen habe. In der sechsten Woche erhält er eine – schriftliche – Absage, und der potentielle Arbeitgeber sendet ihm seine Unterlagen zurück. Das Schreiben ist individuell verfasst und bittet um Verständnis, dass man sich für einen anderen Kandidaten entschieden habe. Herr Müller möge darin kein Werturteil seiner Person sehen.

Zu schön, um wahr zu sein …

Diese Geschichte ist keine Fiktion, sondern tägliche Realität! Was erlebt Herr Müller nun? Sein Adrenalin-Spiegel hat sich in den vergangenen Wochen täglich erhöht. Er lebte in der Vorstellung, seine neue Stelle wäre in München. Er hat sich mit der Stadt und dem Umland beschäftigt. Er hat gar einen Reiseführer gekauft. Er hat seine Verwandtschaft aus der bayerischen Metropole angerufen und mit seiner Frau Pläne geschmiedet. Er weiß, dass er Glück braucht, um eine Zusage zu erhalten, genießt aber die Spannung und das Abenteuer. Nun hat er die Absage in der Hand. Er fühlt sich plötzlich um zehn Jahre gealtert. Die Energie, vor einer halben Stunde noch reichlich vorhanden, scheint spurlos verschwunden. Er sackt zusammen, ohne Vision, Hoffnung und ohne weiteren Aktionsplan. Es ist ihm klar, dass er von den restlichen dreizehn Unternehmen, mit denen er sich in Verbindung gesetzt hat, nie etwas hören wird. Er ist in ein Vakuum gefallen und bemerkt, dass es ein ungeheures Maß an Kraft bedarf, um sich wieder aus dem Loch hinaus zu bewegen.

Viele Bewerber ahnen, dass diese Situation auftreten könnte, wollen das jedoch nicht wahrhaben. Es ist einfacher und attraktiver, sich an der Hoffnung festzuklammern, als sich mit den negativen Gedanken zu befassen. Nun rate ich keineswegs, dass Sie sich mit Horrorszenarien befassen. Es gibt jedoch einfache Verhaltensregeln, die Sie davor bewahren, emotional derart abzustürzen. Sie müssen nicht gleich tiefstapeln, doch ist es gesünder, sich auf Fakten zu konzentrieren und sich kontinuierlich zu bewerben.

Wie bereits bei der Überschrift erwähnt: Sorgen Sie dafür, dass Sie jeden Tag eine Bewerbungsaktivität ergreifen!

In den meisten Fällen wird es darauf hinauslaufen, dass Sie eine Bewerbung (mit der Post oder per E-Mail) versenden. Alternativ können Sie Ihr Profil bei einem Karriere-Portal anlegen oder Ihre Unterlagen Multiplikatoren zusenden.

Die Pipeline soll immer voll sein!

Das ist enorm bedeutend! Wenn Sie jeden Tag eine Bewerbung verfassen, sehen Sie vor Ihrem geistigen Auge, dass Ihre Unterlagen in der Unternehmenslandschaft unterwegs sind. Das vermittelt Ihnen Auftrieb und Hoffnung. Vor diesem Hintergrund können Sie Rückschläge gut verkraften. Wäre Herr Müller so verfahren, hätte er in der Zwischenzeit wahrscheinlich bereits eine nächste Einladung zu einem Vorstellungsgespräch in der Tasche und wäre nie in den emotionalen Abgrund abgestürzt.

Praxis-Tipp:

Sie schützen sich in optimaler Weise, indem Sie es zu einem täglichen Ritual machen, eine Bewerbung zu versenden. Wenn die Post um 18.00 Uhr schließt, gehört es zu Ihrem Tagesablauf, dass Ihre Bewerbung vorher eingeworfen wird.

Wie in einem vorigen Kapitel erwähnt: Sie haben Ihren Vorrat an Sondermarken, Bewerbungskuverts, Mappen und Fotos.

Der Briefkasten wird zu Ihrem Vertrauten, ja zu Ihrem Freund, der Sie zur Disziplin zwingt.

Ausreichend und regelmäßig schlafen

Die Wertediskussion geht häufig mit der Frage „Warum sollte ich …?" einher. Warum sollte ich rechtzeitig ins Bett gehen? Ich bleibe ohnehin vor dem Fernseher hängen. Wenn Sie aber die Nacht zum Tag machen, stehen Sie nicht rechtzeitig auf. Sie sitzen dann – im Extremfall – im Morgenmantel am Frühstückstisch, haben noch nicht geduscht und lesen die Tageszeitung. In diesem Augenblick ruft der Headhunter an. Nun geschieht, was Sie einfach nicht steuern können. Sie stehen auf und gehen ans Telefon. Während sich der Personalberater im aufmunternden Ton mit Ihnen unterhält, schauen Sie sich selbst im Flurspiegel an: unrasiert, ungeschminkt. Sie haben das Empfinden, dass der Executive Search Consultant Sie durch die Leitung förmlich beobachtet. Sie versinken im Boden, versuchen, gute Miene zum bösen Spiel zu machen –, wissen aber am Ende des Gesprächs: Sie haben es vermasselt.

Lassen Sie es nicht dazu kommen, sondern halten Sie an einem gesunden Rhythmus fest. Ich kenne viele Selbständige, die auch an Tagen, an denen sie keinen Kundenverkehr einplanen, einen Anzug tragen. Diese Leute stehen auf, wenn sie telefonieren. Sie sind der Meinung, dass ihre Kunden „spüren", mit wem sie es am Telefon zu tun haben. Versetzen Sie sich selbst in eine positive Spannung, indem Sie – nachdem Sie aufgestanden sind – davon ausgehen, dass heute etwas Gutes passieren kann. Ich rede nicht von Esoterik, Self-fulfilling Prophecies oder Visualisierung. Seien Sie einfach darauf eingestellt, dass Sie ein Telefonat adäquat beantworten können.

Vernünftige Ernährung – sorgt für Gleichgewicht

Legen Sie auch Disziplin beim Essen an den Tag! Aus dem täglichen Rhythmus heraus, können sich leicht schlechte Gewohnheiten einschleichen. Ich weiß nicht, welche Gefahren auf Sie lauern. Ist es ein (vermehrtes oder neu angefangenes) Rauchen? Neigen Sie zu häufigem Naschen? Tendieren Sie zu Frustkäufen? Müssen Sie aufpassen, dass Sie keine depressiven Gedanken wälzen? Ist bei Ihnen das Reden ein Problem? Kommen jedes Mal die alten Geschichten wieder hoch? Suchen Sie nur die passive Unterhaltung? Wie dem auch sei:

Schreiben Sie das Wort DISZIPLIN in dieser Phase ganz groß und achten Sie vor allem auch auf Ihre Essgewohnheiten. Es ist gewiss keine Seltenheit, wenn Bewerber in dieser Phase zu unregelmäßigem und ungesundem Essen neigen. Vielleicht haben Sie früher in der Kantine gegessen? Oder haben Sie keine Lust, vernünftig einzukaufen? Möglicherweise sind Sie es sich selbst in dieser Phase nicht wert, dass Sie sich etwas Gutes (leckere Mahlzeit) tun. Vielleicht steht Ihnen nicht der Sinn nach einer ausgewogenen Ernährung. Es kann auch sein, dass Sie möglichst wenig Geld ausgeben wollen.

In solchen Phasen lauert die Gefahr, dass Sie an Gewicht zunehmen, und schon gerät eine Spirale in Bewegung: Sie bringen mehr Kilos auf die Waage und sind mit sich selbst unzufrieden. Das strahlen Sie aus. Sie finden schwieriger zu Ihren Bewerbungsaktivitäten, denn „wer würde mich in diesem Zustand einstellen?" Solche Frustgedanken führen nur zu vermehrtem ungesundem Essen („man gönnt sich ja sonst nichts"). Sie wundern sich irgendwann, wenn Sie sich unwohl in Ihrer Kleidung fühlen, dass „es so weit mit Ihnen kommen konnte …"

Ich will hier kein Schreckensszenario ausmalen; wehren Sie die Gefahren aber in den Anfängen ab. Stärken Sie gerade Ihr Selbstbewusstsein in schwierigen Zeiten. Seien Sie stolz auf sich selbst und führen Sie einen Lebensstil, der dazu beiträgt, dass Sie noch mehr Achtung für sich selbst empfinden. Eine praktische Konsequenz: Gesundes Essen stärkt das körperliche und seelische Wohlbefinden. Ihre positive Ausstrahlung nimmt zu und setzt eine Aufwärtsspirale in Bewegung!

Sport

Egal, wie viele Gründe es gibt, keinen Sport zu treiben. Sogar Churchill hat gesagt: „Sport ist Mord", und ist dabei 90 Jahre geworden: Entscheiden Sie sich für eine Sportart und üben Sie diese regelmäßig aus!

Ich bin kein Mediziner, weiß aber aus eigenem Fitness-Training seit zwölf Jahren, dass beim Sport bestimmte Stoffe produziert und ausgeschüttet werden, die Einfluss auf meine Stimmung ausüben. Wenn ich mit trüben Gedanken das Studio betrete, sehe ich auf einmal – wenn ich die Gewichte hebe – Möglichkeiten statt Begrenzungen. Häufig verlasse ich das Training wirklich mit einem Hochgefühl und habe das Empfinden, dass ich mich der Welt stellen möchte.

Selbstverständlich handelt es sich bei der Entscheidung für eine Sportart um individuelle Vorlieben (oder für manche auch um die Wahl des „geringsten Übels"). Der eine mag Joggen oder Fitness, ein anderer wendet sich lieber dem Vereinssport zu. Wieder andere fangen den Tag mit Trampolin-Springen an. Wofür Sie sich auch entscheiden, üben Sie auch hier konsequent Disziplin und bleiben Sie bei Ihrer guten Gewohnheit.

Erfolgreiche Vorstellungsgespräche

8

1. Punkten durch Ausstrahlung und Persönlichkeit

Im bisherigen Bewerbungsprozess haben wir uns mit der Frage befasst, wie Sie Kontakt zu potentiellen Arbeitgebern herstellen können. Sie haben sich vor der Herausforderung gesehen, Ihren Werdegang auf ein Minimum zu reduzieren – und gleichzeitig ein Maximum an Nutzen zu vermitteln.

Sie konnten manche Erfolge aus Platzgründen nicht erwähnen. Sie waren vom Wissen geprägt, dass der Entscheidungsträger Ihren Bewerbungsunterlagen bei der Erstdurchsicht weniger als zwei Minuten widmet.

Es galt also, Entscheidungen zu treffen. Was sollte nicht aufgelistet werden? Welche Tatsachen hatten keine herausragende Bedeutung? Wie konnten möglichst viele sinnvolle Informationen kompakt zusammengefasst werden? Das Ganze vor dem Hintergrund, dass sowohl die Zeit, die Ihnen der Empfänger widmet, als auch die Aufnahmefähigkeit Begrenzungsfaktoren darstellten.

Fachlich und persönlich überzeugen

Alles war auf den Erfolg ausgerichtet. Doch wie sieht dieser aus? Mit Ihren Bewerbungsaktivitäten streben Sie den nächsten Schritt an. Es ist Ihre Absicht, dass Sie eine positive Rückmeldung erhalten – und zwar in Form einer Einladung zu einem persönlichen Gespräch. Immer häufiger finden auch Telefoninterviews als Zwischenstufe statt. So oder so, die Schwerpunkte der Bewerbung ändern sich nun signifikant. Haben Sie bisher schriftlich überzeugen müssen, handelt es sich nun um Ihren persönlichen Auftritt. Ist bisher Ihre Persönlichkeit im Hintergrund geblieben, spielt diese nun eine herausragende Rolle. Haben Sie bisher mit Daten und Fakten überzeugt, müssen Sie nun den Eindruck in einer persönlichen Begegnung (oder zunächst im Telefonat) bestätigen.

Jeder Bewerber empfindet instinktiv, dass sich die Spielregeln nun total ändern – ja, man kann von einem ganz anderen Spiel reden. Vorher standen Ihre verbalen und konzeptionellen Fähigkeiten, verbunden mit einer Dosis Strategie und Gestaltungsgeschick im Vordergrund. Nun können Sie nicht länger auf einen äußeren Rahmen zurückfallen. Sie betreten jetzt die Bühne und müssen als Mensch überzeugen.

Es hat schon eine Berechtigung, dass sich Ratgeber lediglich dem Thema der Vorstellungsgespräche zuwenden. Dabei denke ich weni-

ger an die verschiedenen Arten der Fragestellungen und die sogenannten „richtigen" Antworten darauf. Ich rede vielmehr von Aspekten, wie Sie überzeugen, was Körpersprache bewirkt, wie Sie strukturiert präsentieren, in welcher Weise Sie Schlagfertigkeit üben können – und letztendlich – wie Sie Sicherheit gewinnen.

Versetzen Sie sich einmal in die Lage des Arbeitgebers. Sie haben mit
Ihren Unterlagen überzeugt. Das Unternehmen kann sich potentiell
vorstellen, mit Ihnen zusammenzuarbeiten. Wie sieht nun die
nächste Runde aus Sicht des Entscheidungsträgers aus? Einmal hat
der Arbeitgeber auf der sachlichen Ebene wahrscheinlich noch ver-
tiefende Fragen. Viel wichtiger ist aber der persönliche Eindruck, der
nun entstehen wird. Der Unternehmer möchte nicht nur wissen, was
Sie geleistet haben, sondern wer Sie als Mensch sind.

Der Sympathiefaktor

Hier verweise ich wieder auf die bereits erwähnte Tatsache, dass der
Mensch rational und emotional gesteuert wird. Über die linke Ge-
hirnhälfte empfängt und sendet Ihr Gegenüber Sachinformationen.
Über die rechte Gehirnhälfte werden die Emotionen ausgetauscht.

Wir sind uns einig, dass Stellen zu mindestens 50 Prozent nach Sympathie besetzt werden – vorausgesetzt, die Eignung stimmt! Diese
Tatsache wird häufig übersehen oder ihr wird nicht genug Rechnung
getragen. Was bedeutet das in der Praxis für Sie?

2. Punkten im Telefoninterview

Immer häufiger gehen Unternehmen dazu über, zunächst ein telefo-
nisches Interview zu führen. Das Anliegen ist nachvollziehbar. Der
Aufwand (Kosten und Zeit) ist wesentlich geringer. Häufig sind auch
K.O.-Kriterien vorhanden – etwa SAP-Kenntnisse, persönliche Exper-
tise aus einem spezifischen Bereich der Gesamtbereichsleitung oder
Englischkenntnisse –, die telefonisch abgefragt werden können.

Solch ein Telefonat stellt Sie vor besondere Herausforderungen.

Keine Störungen

Sie sollten sicherstellen, dass Sie ungestört telefonieren können.
Manche wagen den Versuch, aus dem Unternehmen des derzeitigen

Arbeitgebers anzurufen. Das ist gefährlich, denn Sie haben nicht unter Kontrolle, was passiert.

Der Anruf von zu Hause aus kann daher sinnvoller sein. Aber nicht in jedem Fall. Wenn Kinder klopfen oder sich vor der Haustür eine Baustelle mit Presslufthammer befindet, sollten Sie überlegen, ob Sie das Gespräch besser vom Handy aus führen.

Begrenzte Wahrnehmung

Eine viel zitierte amerikanische Studie belegt, dass wir Information folgendermaßen wahrnehmen:

- zu 55 Prozent die Körpersprache
- zu 38 Prozent die Intonation
- zu nur 7 Prozent den Inhalt der Aussage

Körpersprache und Intonation laufen der Aussage eindeutig den Rang ab. Insofern bietet das Telefonat nur sehr begrenzt die Möglichkeit, wichtige Informationen zu transportieren.

Wenn ich meinem ältesten Sohn im Garten in irritiertem Ton und mit verkniffenem Gesichtsausdruck, die Fäuste geballt, zurufe: „Pascal Schatz, jetzt komm herein ...", wird er weniger erwarten, dass er ein Stück Schokolade bekommt, sondern eher, dass Zimmer aufräumen angesagt ist.

Im direkten Austausch nehmen Sie ganzheitlich wahr. Die Körpersprache Ihres Gegenübers verrät Interesse, Langeweile (Sätze kürzen), Verwunderung (nachfragen) oder Einwände (Aussagen vertiefen) – alles Aspekte, die Sie am Telefon nur begrenzt wahrnehmen können. Daher sind manche Bewerber mit einem Telefonat gar nicht glücklich. Die Entscheidung liegt aber nicht bei Ihnen.

Gut vorbereitet ins Telefoninterview

Jetzt müssten Sie an alles denken und alles parat haben: Telefonmanieren, Körperhaltung, aktives Zuhören, die richtigen Unterlagen.

Telefoninterview: Check-up vor dem Anruf

- Halten Sie die Fakten präsent (Unternehmensinformation, Namen der Gesprächspartner – manchmal sitzen Ihnen während des Telefonats mehrere Personen gegenüber).

- Ihre Bewerbung soll Ihnen vorliegen, falls darauf Bezug genommen wird.

- Überlegen Sie sich den Gesprächsverlauf und machen Sie Notizen zu den Punkten, die Sie auf jeden Fall ansprechen möchten.

- Am besten sollten Sie während des Telefonats stehen und nicht sitzen.

- Überlassen Sie die Vorgehensweise zunächst Ihrem Gesprächspartner.

- Seien Sie sehr sensibel für Zwischentöne. Sie sind „im Nachteil" – sowieso, wenn sich „auf der anderen Seite" mehrere Personen befinden, die miteinander Blickkontakt halten – was gar nicht unüblich ist.

- Besser einmal mehr nachfragen, gelegentlich wiederholen und/oder zusammenfassen, damit Sie sicherstellen, dass keine Kommunikationsstörungen vorliegen und Missverständnisse entstehen.

Der Arbeitgeber hat nach dem Telefonat einen persönlichen Eindruck von Ihnen gewonnen. Ihre Unterlagen werden somit um weitere Aspekte bereichert.

Telefoninterview: Check-up nach dem Anruf

Ihr Ansprechpartner hat sich eine Meinung dazu gebildet, ob:

- Sie aktiv zuhören konnten

- Sie in der Lage waren, strukturiert zu reden (Aussagen auf den Punkt bringen)

- Sie kurz und bündig antworten

- Sie begeisterungsfähig waren („Möchte der Bewerber nur einen Job – oder freut er sich auf diese Stelle?")

- Sie sich auf das Gespräch eingelassen haben (Dialog), während Sie dennoch Ihren Kurs beibehalten haben

---

Auf jeden Fall bereichert das Telefonat die faktische Information um eine emotionale Komponente. Der Arbeitgeber bleibt mit einem Empfinden von Sympathie, Unschlüssigkeit oder Antipathie zurück.

3. Das persönliche Vorstellungsgespräch: Für den ersten Eindruck gibt es keine zweite Chance

In den meisten Fällen werden Sie eine Einladung zu einem persönlichen Vorstellungsgespräch erhalten. Auch hier steht wie beim Telefoninterview – zunächst – der menschliche Faktor im Vordergrund.

Ist es bei den Unterlagen unmöglich, Emotionalität und Rationalität völlig zu trennen, so ist das bei einer persönlichen Begegnung noch viel weniger der Fall.

Sie haben nur ein paar Sekunden

Man hat festgestellt, dass ein erster Eindruck innerhalb weniger Sekunden entsteht. Anschließend sucht der Gesprächspartner häufig nach einer Bestätigung der ersten Wahrnehmung und nimmt somit im weiteren Gesprächsverlauf Ihre Äußerungen selektiv wahr.

Vielen ist diese Tatsache nicht bewusst. Ich kenne erfolgreiche Fach- und Führungskräfte, die den ersten Eindruck und den Sympathiewert gar mit Menschenkenntnis verwechseln. Vergangene Woche teilte mir eine 52-jährige Führungskraft aus dem Accounting-Bereich eines großen Energie-Anbieters im Seminar mit: „Ich weiß innerhalb von drei Sekunden, ob mein Gegenüber die richtige Person für die vakante Stelle ist, und mein Bauchgefühl hat mich noch nie betrogen …".

Ich werde diese Bemerkung hier nicht bewerten, sondern einfach darauf hinweisen, wie wichtig der erste Eindruck ist, den Sie hinterlassen.

Sie können sich die Gewichtung und die Bedeutung von Emotionalität und Rationalität folgendermaßen vorstellen:

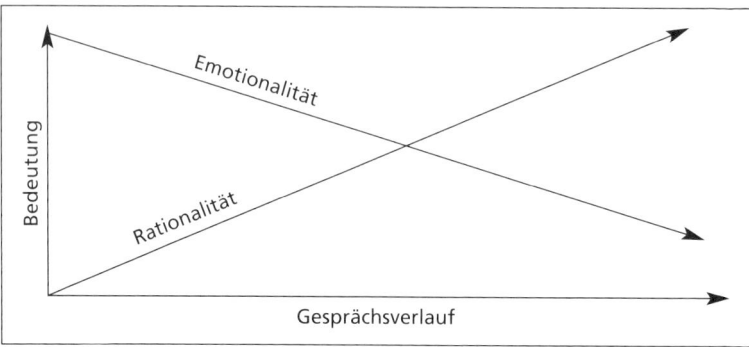

Viele Bewerber warten nur auf den Einstieg in das „richtige" Gespräch. Fragen nach der Anreise („Haben Sie gut hergefunden?") oder Small Talk („Kennen Sie die Gegend hier?"), Gastfreundschaft („Kann ich Ihnen etwas anbieten?") oder Ihre Meinung („Wir haben gerade neu gebaut – was meinen Sie zu unserer Architektur?") werden unwillig aufgenommen. „Dazu bin ich doch gar nicht da", meinen sie ...

Mit einer solchen Haltung wird die Realität des Gesprächsverlaufs verkannt. Ihr Gesprächspartner fängt häufig beim anderen Ende an. Zunächst will er für sich die emotionale Rückmeldung einholen, dass er sich Sie als neuen Kollegen vorstellen kann. Je weniger Vorstellungsgespräche Ihr Gegenüber führt (und dieses ist häufig in den Fachabteilungen der Fall), umso weniger professionell wird die Vorgehensweise sein. Viele wollen zunächst ein gutes „Bauchgefühl" darüber haben, dass Sie – als Mensch – der neue Mitarbeiter sein könnten. Während Sie gelangweilt über die Architektur, die Staus während der Anfahrt oder die Gegend parlieren, hat Ihr Gesprächspartner alle Sender ausgefahren und ordnet Sie in Kategorien wie „Langweiler", „arrogant", „desinteressiert" oder „Schlecht, wenn er in dieser Weise auf unsere Kunden losgelassen wird …" ein.

Kaum begonnen, schon zerronnen

Mancher Bewerber wundert sich, dass ein Vorstellungsgespräch nach sehr kurzer Zeit abgeschlossen ist, während er noch gar nicht die Gelegenheit hatte „sich selbst zu präsentieren". Die Selbstdarstellung hat sehr wohl stattgefunden, aber anders als es sich der Bewerber vorstellte.

Vorstellungsgespräch: Wichtig in den ersten fünf Minuten

- Lassen Sie sich voll auf Ihr Gegenüber ein.
- Überlassen Sie Ihrem Gesprächspartner die Gesprächsführung, seien Sie nicht auf ein Muster festgelegt.
- Sehen Sie jedes Thema als wichtig an.
- Seien Sie authentisch.
- Haben Sie keine Angst Persönlichkeit, Emotionalität und eine individuelle Meinung zu zeigen (es sollte besser ein deutlicher Eindruck Ihres Profils zurückbleiben, als dass man nicht in der Lage wäre, zu beschreiben, wer Sie sind).

Es ist am einfachsten zu überzeugen, wenn Sie nicht gestresst, sondern entspannt sind. Das haben Sie natürlich nicht ganz in der Hand.

Vorstellungsgespräch: Stimmen Sie sich positiv ein, indem Sie
■ an diesem Tag frei nehmen (und nicht nach Arbeitsschluss zum möglichen neuen Arbeitgeber hetzen).
■ versuchen, Einfluss auf die Uhrzeit des Termins zu nehmen (Biorhythmus beachten – Wann sind Sie am besten drauf? Eventuell am Vorabend anreisen).
■ vielleicht ausschlafen – wenn das für Sie eine „Belohnung" darstellt
■ viel Zeit für Hygiene haben (baden, ausgiebig duschen).
■ sich Zeit für die Anfahrt nehmen (besser eine Stunde zu früh ankommen und noch einen Kaffee trinken, als dass Sie in letzter Minute erscheinen).
■ sich für Kleidung, Accessoires oder einen Duft entscheiden, mit denen Sie sich wohl fühlen.

Tabu: Fakten am Tag des Vorstellungsgesprächs

Schauen Sie, dass Sie am Tag des Gesprächs nicht mehr mit den Fakten beschäftigt sind. Damit befassen Sie sich ein letztes Mal am Tag vor dem Vorstellungsgespräch.

Vorstellungsgespräch: Wichtig am Tag davor
■ Namen der Ansprechpartner (auswendig kennen)
■ Unternehmensinformationen (beherrschen – aus dem Internet/der Unternehmensbroschüre – Umsatzzahlen – Produkte – Anzahl Mitarbeiter – Standorte – Konzernmutter)
■ Ihr Anschreiben an das Unternehmen
■ Üben Sie vorher, wie Sie Ihren Lebenslauf erzählen werden (mit spezifischen Schwerpunkten, die für dieses Unternehmen von Bedeutung sind)
■ Ihre Leistungen (auf das Unternehmen ausgerichtet)

4. Der ganz normale Gesprächsverlauf – die eigentliche Herausforderung

Ich habe kurz beschrieben, wie Sie sich am Vortag auf das Vorstellungsgespräch vorbereiten können, was Sie am Tag selbst (im Vorfeld und während der Anfahrt) berücksichtigen sollten und was beim Gesprächseinstieg von Bedeutung ist.

An dieser Stelle füge ich kurz ein, dass 90 Prozent bis 95 Prozent aller Vorstellungsgespräche berechenbar verlaufen. Es ist beim Unternehmen überwiegend der Wunsch vorhanden, dass Sie sich in einem angenehmen, nicht bedrohlichen Umfeld präsentieren können. Der Arbeitgeber weiß, dass Sie nervös sind und er am „längeren Hebel" sitzt. Nur die wenigsten nutzen das aus, indem sie Druck ausüben oder Machtspiele zur Schau stellen. Im Normalfall ist der Arbeitgeber daran interessiert, Sie kennenzulernen, wie Sie sind und wie Sie sich im Unternehmensalltag verhalten würden. Deshalb bringen Stressinterviews, Fangfragen, Provokationen und Ähnliches sehr wenig. Das würde Sie zwingen, sich von einer Seite zu zeigen, die voraussichtlich mit der Unternehmenswirklichkeit wenig zu tun hat.

Sie können Bücher über Fallstricke, unfaire Fragen, Umgang mit Einwänden, Dialektik unter der Gürtellinie sowie Schlagfertigkeit lesen. Normalerweise wird ein Arbeitgeber erst dann nachdrücklich, wenn er das Empfinden hat, dass Ihre Aussagen nicht stimmig sind, unternehmensrelevante Aspekte verschleiert werden, es an Integrität oder Authentizität mangelt.

Das bedeutet nicht, dass eine wohlwollende Gesprächsatmosphäre keine Herausforderung darstellt. Im Gegenteil! In den allermeisten Gesprächen können Sie davon ausgehen, dass der „Ring irgendwann frei wird". Nach dem bereits beschriebenen Small Talk und einer möglichen Einführung in das Unternehmen sind Sie irgendwann am Zug. Der Fokus wird auf Sie gerichtet und möglicherweise folgendermaßen eingeleitet:

„Frau Kunz, wir haben Ihren Lebenslauf vorliegen. Es ist aber dennoch etwas anderes, ob wir diesen lesen oder Sie uns nochmals durch Ihren Werdegang führen. Bitte, nehmen Sie sich die Zeit, die Sie dazu benötigen."

Das, was sich so harmlos anhört, ist in Wirklichkeit der Auftakt zum zweiten Gespräch, zu Ihrem Arbeitsvertrag oder auch zu einer Absage. Was Sie nun von sich geben, darf keineswegs dem Zufall überlassen bleiben. Dieses soll – im Gegensatz zu den vorherigen Minuten – kein Produkt Ihres momentanen Gefühlszustands sein. Sicherlich ist es sinnvoll, dass Sie Ihr Gegenüber einschätzen und entsprechend darauf eingehen (sollen Ihre Ausführungen eher kurz und bündig oder detailliert sein?) Der Inhalt sollte aber feststehen.

Praxis-Tipp:

Ich kann nur dazu raten, dass Sie die kommenden sieben bis (maximal) fünfzehn Minuten üben, üben und nochmals üben! Nehmen Sie einen Wecker. Holen Sie sich ein zuhörendes „Opfer". Graben Sie ein Aufnahmegerät aus oder stellen Sie den Camcorder auf Ihr Stativ. Ich wiederhole, wenn Sie erst während des Vorstellungsgesprächs überlegen, ob Sie bei Ihrer Geburtsstadt, Ihren Eltern, dem Gymnasium, der Ausbildung oder der ersten Arbeitsstelle anfangen, haben Sie verloren!

Sie sollten das Muster vor Augen haben und sich an den Eckdaten orientieren. Sie wissen ganz genau, welche Fakten Sie erwähnen werden. Achten Sie darauf, dass Sie nicht beschreiben. Nicht nur Berufserfahrung, Aufgabengebiete und Stellenbezeichnungen zählen. Auch im persönlichen Gespräch interessieren (neben den kurz erwähnten Verantwortungsbereichen) die Leistungen, Ergebnisse und Erfolge.

Wichtig: Machen Sie es sich also zur Gewohnheit, nach jeder beruflichen Station zu erwähnen:

„In dieser Funktion war ich besonders stolz auf …" oder

„Damals war es eine große Herausforderung … Ich denke, es ist mir gut gelungen, dass ich …"

„Wenn ich auf diese Zeit zurückschaue, dann sehe ich als meine größte Leistung an, dass …"

Beschreibungen von Tätigkeiten haben nur wenig Aussagekraft. Wenn Sie aber Beispiele von Erfolgen bringen, Geschichten erzählen und Ihre Leistungen anschaulich machen, bleiben diese Bilder wesentlich besser haften!

Die zehn Minuten, die Sie an dieser Stelle füllen, werden über Ihre Zukunft entscheiden. Ich wiederhole: Sie sollten ein Muster vor Augen haben, das Sie im Gespräch abhaken. Natürlich ist es am einfachsten, wenn Sie dieses Muster einmal real auf Papier aufgezeichnet haben (Mind-Mapping). Sie wissen dann genau, was Sie noch sagen wollen, wie viel Zeit Sie dafür einplanen und welche Erfolgsbeispiele noch folgen werden.

Ich kann aus meiner Erfahrung in der Bewerbungspraxis bestätigen, dass Arbeitgeber – wie es in der einschlägigen Ratgeberliteratur heißt – letztlich nur an der Beantwortung von folgenden Fragen interessiert sind.

- Warum wollen Sie hier arbeiten und nicht woanders?
- Lösen Sie mein Problem (Fachkenntnisse/Leistungen)?
- Was für ein Mensch sind Sie (persönliche Kompetenz)?
- Was unterscheidet Sie von anderen (Alleinstellungsmerkmale)?
- Kann ich es mir leisten, Sie einzustellen (Gehalt)?

Einerseits macht diese Erkenntnis die Vorstellungsgespräche „sehr einfach". Andererseits kommt diesem einfachen Teil umso mehr eine herausragende Bedeutung zu.

Natürlich wird der Arbeitgeber Ihnen noch einige zusätzliche Fragen stellen. Vor allem der ungeübte Gesprächspartner wird der Meinung sein, dass er keine „Professionalität an den Tag legt", wenn das Gespräch allzu unspektakulär verläuft. Daher können Sie sich auf folgende Gesprächssituationen vorbereiten, die Ihren vorherigen Ausführungen häufig noch „nachgeschoben" werden. Wenn Ihr Auftritt im Vorfeld überzeugend war, werden Ihre kurzen Antworten das Bild nicht mehr sehr verwässern oder ändern. Selbstverständlich verhält sich nicht jeder Unternehmer nach dem hier beschriebenen Muster.

Mögliche und gern gestellte Fragen:

- Wie beschreiben Sie sich selbst?
- Warum möchten Sie hier arbeiten?
- Welche sind Ihre größten Stärken?
- Warum sehen Sie sich als geeignet an für diese Stelle?
- Wie beschreiben ehemalige Kollegen (Vorgesetzte) Sie?
- Was war Ihr größter Fehler?
- Was haben Sie daraus gelernt?
- Auf welche Ergebnisse schauen Sie mit Stolz zurück?

Im Vorstellungsgespräch unverzeihliche Fehler:

- In dominanter Weise die Gesprächsführung übernehmen, unterbrechen
- „Graue Maus": keine Regung – kein natürliches Verhalten – keine Fragen
- Negative Äußerungen über vergangene Unternehmen, vorgesetzte Stellen, Kollegen
- Selbstmitleid, Schuldzuweisungen, sich als Opfer sehen
- Im ersten Gespräch fragen nach Büro-Größen, Job-Titles, Arbeitszeiten, Überstunden, Zuschüssen, Betriebsrat

---

Nutzen Sie die Gelegenheit, wenn der Arbeitgeber abschließend noch wissen möchte, ob Sie letzte Fragen haben. Lassen Sie die Chance nicht verstreichen.

Mit Fragen punkten

- Können Sie mir noch die Unternehmenskultur und wie diese von Ihnen wahrgenommen wird, beschreiben? Welche Werte sind wichtig? Wie geht man miteinander um? Welches Verhalten wird gern gesehen?
- Wenn eine Zusammenarbeit zustande käme, wie würden Sie meine Erfolge nach einem Jahr messen? Welche wichtigsten Leistungen müsste ich erbringen, damit Sie der Meinung wären, dass ich gute Arbeit geleistet hätte?

---

5. Auch Kleinigkeiten zählen

Häufig sind es die Kleinigkeiten, die das Bild abrunden. Wir haben bereits gesehen, dass Sie nicht nur durch Ihr Wort, sondern noch mehr durch Ihre Persönlichkeit, Haltung und Ihr Handeln prägen. Wie melden Sie sich bei der Zentrale? Wie benehmen Sie sich der Sekretärin gegenüber, die sich im Vorfeld nach Ihrem Getränkewunsch erkundigt? Es ist keine Seltenheit, dass sich Ihr Gesprächspartner, der Bereichsleiter, später bei ihr nach ihrem Eindruck erkundigt.

Falls Sie eine Visitenkarte erhalten haben, zeugt es von gutem Benehmen, wenn Sie sich nochmals kurz per E-Mail für das Gespräch bedanken. Vielleicht können Sie den Zweizeiler mit einer authentischen, aufwertenden Bemerkung zum Gesprächsverlauf und zum Eindruck, mit dem Sie nach Hause gefahren sind, abrunden.

Den richtigen Vertrag unterzeichnen

9

1. Die Qual der Wahl

Vor einiger Zeit erhielt ich folgende E-Mail:

Von: Andreas. K.
Gesendet: Donnerstag, 29. November 2007 12:00
An: Vincent Zeylmans
Betreff: Vielen Dank

Sehr geehrter Herr Zeylmans,

eine gute Nachricht. Ich habe gestern den Arbeitsvertrag für eine sehr interessante sales&marketing Führungsposition in der IT-Industrie unterschrieben.

In den letzten drei Monaten habe ich sehr viele interessante Gespräche mit Personalverantwortlichen und Personalberatungsunternehmen geführt. Als Ergebnis hatte ich schließlich die Auswahl zwischen drei attraktiven Positionen. Ein gesundes Problem, und ich bin sicher, mir die beste Stelle ausgesucht zu haben.

Am Erfolg meines Projektes »neue Herausforderung« haben Ihre Tipps und Analysen meiner Bewerbungsunterlagen, welche ich konsequent umgesetzt habe, einen erheblichen Anteil. Meine Gesprächspartner haben mir allesamt bestätigt, dass meine Bewerbungsunterlagen optimal aufbereitet waren. Daher möchte ich Ihnen vielmals für Ihre Mühe danken.

Für mich war die Zusammenarbeit eine lohnende Investition. Sie werden aber bestimmt verstehen, dass ich trotzdem hoffe, Ihre Dienste nicht zu oft in Anspruch nehmen zu müssen ...

Alles Gute!

Mit freundlichen Grüßen

Andreas K.

Diese Nachricht deckt sich mit anderen Erfahrungen, die Jobhunter, Personen die pro-aktiv und initiativ alternative Bewerbungswege gehen, sammeln. Es ist nichts Außergewöhnliches, dass Bewerber, die den verdeckten Arbeitsmarkt erschließen, plötzlich mit drei, vier oder fünf Job-Angeboten gleichzeitig konfrontiert werden. Es stellen sich dann andere Fragen. Sie lauten nicht länger: Wie finde ich irgendeinen Job? Sondern: Welche Funktion passt am besten zu mir?

Darüber hinaus entdecken die Personen plötzlich, dass sie zu einem ganz erheblichen Teil in der Lage sind, den Erfolg zu steuern. Es ist nicht selten der Fall, dass der Erfolg der Rückmeldungen auch unruhig macht. Ich werde häufig mit folgenden Fragen konfrontiert:

„Herr Zeylmans, ich stelle fest, dass richtig etwas in Bewegung gekommen ist. Dabei habe ich erst angefangen. Was raten Sie mir? Ich habe nun drei Optionen. Ich finde die Vorgehensweise aber ganz spannend und habe das Gefühl, wenn ich – statt auszuprobieren – meine gesamte Energie in diese Richtung fokussiere, der tiefere Erfolg nicht ausbleiben kann. Dann liegen mir bestimmt fünf oder mehr Angebote vor. Bin ich verrückt, wenn ich die Möglichkeiten, die mir nun offenstehen, ausschlage? Es kommt mir so komisch vor. Zunächst habe ich Monate gesucht. Jetzt, da ich die Prinzipien verstehe, möchte ich mich einfach nicht für das Erstbeste entscheiden …"

Mit dieser Luxus-Fragestellung bin ich immer ganz glücklich, zeigt sie doch die Effektivität der Vorgehensweise. Dennoch ist die Fragestellung ernst zu nehmen: Mit „geringem Einsatz" sind offenbar bereits erhebliche Erfolge (Angebote) zu erzielen. Der Bewerber sagt sich dann, dass er noch weitere Optionen „erzwingen" könnte, würde er mehr Energie aufwenden. Das ruft häufig die innere Verunsicherung hervor: Ist es verrückt, mögliche Chancen ungenutzt zu lassen in der Hoffnung, etwas noch Besseres zu finden? Selbstverständlich muss jeder diese Frage für sich beantworten. Es kann aber sein, dass jemand wirklich neue Wege geht (wie die initiative Kontaktaufnahme zu Headhuntern) und feststellt in solch neue Dimensionen vorzudringen, dass sich das richtige Job-Angebot quasi zwingend ergeben sollte.

Wichtig: Unsere Arbeit stellt zu einem erheblichen Teil unser Leben dar (zumindest die Zeit, die wir am Arbeitsplatz verbringen). Daher kann ich nur dazu raten, ein Stellenangebot nicht übereilt anzunehmen. Wenn Sie nicht glücklich werden, schauen Sie sich rasch wieder nach einer Alternative um, jedoch: Jede Entscheidung hinterlässt auch Spuren in Ihrem Lebenslauf!

Wer alles gewinnen will, geht möglicherweise leer aus

Natürlich können Sie den Entscheidungsprozess ein wenig „strecken"; fast jeder Arbeitgeber hat Verständnis dafür, dass Sie eine bis maximal zwei Wochen Zeit benötigen, um sich festzulegen, insbesondere, wenn mehrere Optionen vorliegen. Sollte dies der Fall sein, können Sie es auch erwähnen. Integre Arbeitgeber verstehen, dass es sich um Lebensentscheidungen handelt, und auch er gut beraten ist, wenn er die Kandidaten gewinnen kann, die sich mit ganzer Überzeugung für sein Unternehmen und den Job entscheiden. Bleibt der Zeitraum überschaubar, in dem letzte Entscheidungsfindungen, Gespräche mit Arbeitgebern, die Zustellung von Arbeitsverträgen zusammenlaufen, ist das noch zu managen. Sie sind wie ein Jongleur, der mehrere Bälle in der Luft hält. Das können Sie (und die betroffenen Arbeitgeber) begrenzt aushalten. Versuchen Sie jedoch, die Zeitspanne über eine realistische Dauer hinaus überzustrapazieren, riskieren Sie, dass Sie alles verlieren. Entweder sagen Sie alle Optionen ab, weil Sie den Mut haben, sich nach dem optimalen Angebot auszustrecken, das Ihnen noch nicht vorliegt. Oder Sie entscheiden sich für Sicherheit (was durchaus legitim ist) und geben sich mit dem „Zweitbesten" zufrieden. Das muss kein Nachteil sein. Ich kenne viele Personen, die in ein Unternehmen einsteigen und aufgrund ihrer Fähigkeiten und Persönlichkeit derart überzeugen, dass sie bald intern auf- oder umsteigen. Sie haben dann genau das erreicht, was ihnen vorschwebte; es hat nur etwas länger gedauert.

Von diesem Weg kann ich nur abraten

Mancher glaubt, schlau zu sein, wenn er weitersucht, obwohl er Unternehmen A schon seine Zusage gegeben hat: „Erhalte ich ein besseres Angebot, kann ich der ersten Option noch immer eine Absage erteilen." Sie meinen, dass der Arbeitgeber sie höchstens auf das Nicht-Antreten der zugesagten Arbeit verklagen könne, gehen aber davon aus, dass er darauf verzichten werde. Für sich selbst relativieren diese Bewerber die Angelegenheit, indem sie sagen, dass man sich auch während der Probezeit trennen kann und es letztendlich nicht so viel Unterschied macht, ob sie sich bereits zu einer Trennung entscheiden, bevor sie die Probezeit überhaupt angetreten haben. Es erübrigt sich zu sagen, dass eine solche Vorgehensweise für den Arbeitgeber in allerhöchstem Maß ärgerlich ist, da dieser seiner zweiten und dritten Wahl absagt hat, nachdem der bevorzugte Bewerber den Arbeitsvertrag unterschrieben hat. Ich kenne Personen, die in dieser Weise vorgegangen sind. Gleichzeitig habe ich in keinem Fall festgestellt (ich möchte aber nicht moralisieren), dass diese Vorgehensweise die erhofften Vorteile erbracht hat. Welche Faktoren schwingen mit?

- Diese Entscheidung ist ein Verstoß gegen das Grundprinzip, stets so zu handeln, wie wir auch selbst behandelt werden möchten (verlassen wir diese Grundlage der Zusammenarbeit, wird es schon sehr schwierig eine von Wertschätzung und Respekt geprägte Kultur zu beschreiben).

- Wenn wir uns anders entscheiden, lässt es sich kaum vermeiden, dass wir uns auch entsprechend äußern – auch in Vorstellungsgesprächen (ich habe häufig Bewerber sagen hören: „Warum sollte ich mich von Integrität leiten lassen – ich kenne so viele Beispiele, in denen auch der Arbeitgeber ungerecht war ..."); Arbeitgeber haben aber einen „Sender" für eine solche Grundhaltung, und Kandidaten wundern sich, dass die Gespräche nicht länger zum Erfolg führen.

■ Die Entscheidung verunsichert den Bewerber selbst! Nachdem er einmal eine Zusage aufgrund eines besseren Angebotes rückgängig gemacht hat, ist er das nächste Mal nicht länger in der Lage, einen Arbeitgeber von seinen festen Absichten zu überzeugen. Wie soll man auch sein Gegenüber überzeugen, wenn man selbst nicht überzeugt ist?

Bleiben Sie also besser bei klaren Entscheidungen und sagen Sie verbindlich zu oder ab.

Beispiel:

Eine leitende Angestellte eines Medizintechnik-Unternehmens erhielt ein Angebot von einer anderen Firma. Sie sagte zu. Ihr Noch-Arbeitgeber hat ihr daraufhin eine Beförderung vorgeschlagen. Sie zog ihre bereits getätigte Zusage dem anderen Unternehmen gegenüber zurück. Was geschah? Es gab nur Verlierer:

■ Der neue Arbeitgeber musste die Suche erneut anfangen (und dort braucht diese Dame natürlich nie mehr anzuklopfen).

■ Ihr derzeitiger Arbeitgeber hat plötzlich festgestellt, dass seine Mitarbeiterin „käuflich" war. Er war verunsichert, denn er wusste jetzt „Wenn nur ein besseres Angebot vorbeikommt, ist die Mitarbeiterin verschwunden ...". Es entstand ein Misstrauen, die Arbeitsbeziehung war dauerhaft gestört.

■ Die Mitarbeiterin selbst hatte sowohl die Chance der besseren Arbeitsstelle als auch die vertrauensvolle Weiterarbeit in ihrem Unternehmen verloren.

Obwohl das Beispiel nicht eins zu eins auf unsere Bewerbungssituation zu übertragen ist, zeigt es sehr anschaulich, wie bedeutungsvoll Zuverlässigkeit und somit die Integrität unserer Aussagen ist.

Gehalt: Gibt es einen Verhandlungsspielraum?

Natürlich ist es legitim, dass Sie den Verhandlungsrahmen ausloten, bevor Sie unterschreiben. Ich werde oft nach den Möglichkeiten der Gehaltsspielräume gefragt. Darauf zu antworten, ist nicht einfach. Vielleicht helfen dennoch folgende Beobachtungen aus der Praxis:

- Je mehr ein Unternehmen tariflich eingebunden ist und vom Betriebsrat mitbestimmt wird, umso schwieriger ist es, von Eingruppierungen abzuweichen. Ein Unternehmen kann und will es sich nicht leisten, dass plötzlich ein neuer Mitarbeiter „die gleiche Arbeit macht", dafür aber anders honoriert wird. Spätestens wenn Mitarbeiter diesbezüglich miteinander ins Gespräch kommen, gibt es Ärger.

- Die Situation sieht anders aus, wenn es sich um außertariflich bezahlte Stellen handelt, die nicht vergleichbar sind oder in die mehrere Kriterien für die Qualifikation einfließen wie

  - Ausbildung

  - Branchenerfahrung

  - Vergangene Erfolge

  - Sprachkenntnisse

  - Auslandserfahrung

  - usw.

  Je weniger Vergleichbarkeit möglich ist, desto größer ist der Verhandlungsspielraum.

- Sie bemerken als Bewerber häufig, wie sehr das Unternehmen an Ihnen interessiert ist. Wenn Sie „genau passen" und möglicherweise eine Stelle ausfüllen sollen, die es noch gar nicht gibt, verfügen Sie über eine recht gute Verhandlungsgrundlage.

- In allem sollten Sie die Möglichkeiten auch nicht überschätzen. Jede vorgesetzte Stelle legt in irgendeiner Art und Weise Rechenschaft über ihre Entscheidungen ab. Personalaufwand (Headcount) ist sowohl absolut als auch in der Entwicklung immer sehr transparent, und kein Chef kann sich hier zu viele Freiheiten nehmen. Dieses gilt primär für Konzernstrukturen. Manchmal ticken die Uhren beim vom Inhaber geführten Mittelstand anders, wenn der Eigentümer selbst die Entscheidung trifft. Weil er mit dem eigenen Geld haushaltet, kann er nach eigenem Gutdünken das Gehalt festlegen.

- Machen Sie (auch) Vorschläge, die nicht direkt das Gehalt betreffen, sondern als andere Kostenarten aufscheinen oder die Ihre Arbeits- und Lebensqualität verbessern:

  - Firmen-Pkw

  - Bonus-Vereinbarung

  - Stock-Options

  - Betriebliche Altersvorsorge (BAV)

  - Direktversicherung

  - Übernahme der Telefonkosten auch von zu Hause

  - Mobiles Telefon

  - Entrichtete Miete des Arbeitgebers für die Zurverfügungstellung von einem Büroraum in Ihrer Wohnung

  - Installation eines Home-Offices mit DSL-Anschluss

  - Möglichkeit (teilweise) von zu Hause aus zu arbeiten

  - Zurverfügungstellung von Zeit (und Geld) für Promotion, MBA, Kurs an einem renommierten Institut (St. Gallen, Insead, London School of Economics ...) oder Teilzeitarbeit in einem eigenen Unternehmen

  - Reduzierung der Arbeitszeit

2. Die ersten 100 Tage

Auch nach der Vertragsunterzeichnung geht die Bewerbung weiter. 30 Prozent aller Arbeitsverträge werden innerhalb der Probezeit aufgelöst. Das hat in den wenigsten Fällen mit der Fachkompetenz zu tun. Der Buchhalter, der eine gute Leistung im Unternehmen X erbracht hat, ist auch bei Firma Y in der Lage, Soll und Haben zu unterscheiden. Der Grund zur Trennung hängt fast immer mit einer anderen Branche und Firmenkultur zusammen oder liegt in der Zusammenarbeit mit dem Vorgesetzten. Der Direktor aus dem Konzern wird nicht notwendigerweise als Geschäftsführer für einen Funktionsbereich im Mittelstand glücklich. Der Fertigungsleiter aus der Kfz-Industrie erlebt in der Konsumgüterherstellung einen ganz anderen Kundenkreis. Der Personalmanager aus dem hierarchisch und akademisch geprägten deutschen Großkonzern erlebt einen anderen Umgang mit Kollegen beim deutschen Ableger eines amerikanischen Konzerns. Häufig wird von Bewerbern zu sehr auf die Tätigkeit und zu wenig auf das Umfeld geachtet.

In der Politik sind die ersten 100 Tage von großer Bedeutung. Unangenehme Entscheidungen sollen in diesem Zeitraum getroffen werden. Wer sich während dieser Zeit nicht von unerwünschten Personen, Strukturen und Strategien verabschiedet, wird damit später in Zusammenhang gebracht. Auch wenn sich die Funktionsweise nicht eins zu eins von der Politik auf die Wirtschaft übertragen lässt, ist es sinnvoll, von ihr zu lernen. Auf alle Fälle sind einige Aspekte in den ersten Monaten von eminenter Bedeutung.

Wichtig: Die ersten Monate im neuen Job

- Bauen Sie Netzwerke. Sie werden beobachtet. Es wird über Sie geredet. Tauchen Sie nicht ab – nur damit Sie die Unternehmensstrukturen, den Kundenstamm, die Produkte oder die IT-Infrastruktur kennenlernen. Suchen Sie den Kontakt, den Austausch zu Ihren neuen Kollegen.

- Wenn Sie eine Führungsposition innehaben, reden Sie nicht nur mit Ihren direkten Mitarbeitern (gleich in den ersten Tagen), sondern auch mit Ihren indirekten Mitarbeitern. Überschätzen Sie nicht den Wert von Aktionen, Handlungen und gar Erfolgen – und unterschätzen Sie nicht die Bedeutung der Emotionalität, der Notwendigkeit, dass man Ihnen den Erfolg auch „gönnt".

- Erfragen Sie in der Anfangszeit – nach Möglichkeit – regelmäßig eine Rückmeldung Ihres Vorgesetzten. Verlangen Sie Feedback dazu, wie Sie, Ihre Entscheidungen und Ihre Art zu kommunizieren wahrgenommen werden, kein Feedback in Bezug auf Ihre Entscheidungen selbst. Gerade diese Aspekte sind je nach Unternehmen sehr unterschiedlich. Am Anfang ist es für Sie sehr einfach möglich, ohne Gesichtsverlust Korrekturen vorzunehmen. Sie können sich noch leicht der Kultur anpassen. Wenn Sie sich Rückmeldungen verschließen (oder diese nicht bewusst suchen), ist es denkbar, dass man sich überall über Sie unterhält, Sie davon aber nichts mitbekommen. Wenn es dann zu Ihnen durchdringt, ist es zu spät.

Ich schließe mit einer E-Mail ab, die ich von einem guten Freund erhielt; er unterstützt seinen Freundeskreis mit den in diesem Buch beschriebenen Prinzipien:

Von: Andreas C.
Gesendet: Sonntag, 9. Dezember 2007 23:49
An: Vincent Zeylmans
Betreff: Dank

Lieber Vincent,

Helge hat sich entschieden, nach Kempten zu gehen, und seinen Vertrag unterschrieben. Viele Dinge sind generell geregelt, auch wenn sie nicht im Arbeitsvertrag festgehalten sind, wie Helge in den letzten Tagen herausgefunden hat. Das wollte ich Dich noch schnell wissen lassen.

... übrigens, Micha und Helge haben jeweils eine »nicht ausgeschriebene Stelle« gefunden und sind auf diesem Wege zu einem neuen Arbeitsplatz gekommen. Beide gehörten also zu den 5 Prozent der Jobhunter, die sich auf die übrigen 70 Prozent der offenen Stellen bewarben. Dies nur als Bestätigung.

Liebe Grüße an die ganze Familie

Andreas

Ich wünsche Ihnen jeden Erfolg bei dem spannenden Abenteuer des Jobhuntings! Es ist mein Wunsch, dass Sie neue Möglichkeiten und Vorgehensweisen in diesem Buch entdeckt haben, die Sie zum Ziel führen. Im besten Fall habe ich Sie in eine neue Dimension eingeführt. Sie stellten fest, wie Sie einerseits den offenen, andererseits den sehr wohl vorhandenen, aber Ihnen bisher verschlossenen verdeckten Arbeitsmarkt mit überzeugenden Unterlagen und Vorgehensweisen erschließen können.

Vincent Zeylmans

Weiterführende Informationen finden Sie unter:

www.zeylmans.de

Senden Sie mir doch eine E-Mail mit Ihren Erlebnissen, Anmerkungen, Ergänzungen oder auch Fragen an:

info@zeylmans.de

Weiterführende Literatur

Birkner, Monika: Kurswechsel im Beruf. Erfolgreicher sein, sich nicht mehr verbiegen. Praxisratgeber für die Neuorientierung in der Lebensmitte. Walhalla Fachverlag.

Birkner, Monika: Wachstumsstrategien für Solo- und Kleinunternehmer. Mit neuem Denken und Handeln zu mehr persönlichem und geschäftlichem Erfolg. Walhalla Fachverlag.

Bloemer, Vera: Interim Management. Top-Kräfte auf Zeit. Metropolitan/Walhalla Fachverlag.

Bloemer, Vera: Patchwork-Karriere. Mit Vielseitigkeit und Strategie zum Berufserfolg. Metropolitan/Walhalla Fachverlag.

Bolles, Richard N.: Durchstarten zum Traumjob. Das ultimative Handbuch für Ein-, Um- und Aufsteiger. Campus.

Bolles, Richard N.: The three boxes of life and how to get out of them: an introduction to life/work planning. Ten Speed Press.

Buford, Bob: Halftime. Changing your game plan from success to significance. Zondervan.

Burdenski, Anne/Donath, Andreas/Essler, Peter: Abenteuer Denken. Kreativ denken lernen – Potenziale entdecken und fördern. GerthMedien.

Covey, Stephen: Die 7 Wege zur Effektivität. Prinzipien für persönlichen und beruflichen Erfolg. Gabal.

Csikszentmihalyi, Mihaly: Flow im Beruf. Das Geheimnis des Glücks am Arbeitsplatz. Klett-Cotta.

Donders, Paul Ch.: Kreative Lebensplanung. Entdecke deine Berufung. Entwickle dein Potenzial – beruflich und privat. GerthMedien.

Fox, Jeffrey J.: Don't send a resume. And other contrarian rules to help land a great job. Hyperion.

Gay, Friedbert: Das DISG Persönlichkeitsprofil. Persönliche Stärke ist kein Zufall. Gabal.

Göggelmann, Ute/Hauser, Frank: Deutschlands beste Arbeitgeber. Ein Blick hinter die Kulissen. Finanzbuch Verlag.

Grün, Anselm: Das Buch der Lebenskunst. Herder Spektrum.

Guardini, Romano: Die Lebensalter. Ihre ethische und pädagogische Bedeutung. Topos.

Hesse, Jürgen/Schrader, Hans Ch.: Die perfekte Bewerbungsmappe für Führungskräfte. Die besten Beispiele erfolgreicher Kandidaten. Eichborn.

Hofbauer, Günter/Lindemann, Stefan: Schnellkurs Bewerbung. Korrekt – überzeugend – erfolgreich. Walhalla Fachverlag.

Holzheu, Harry: Ehrlich überzeugen. Aktiv zuhören – Souverän verhandeln – Sicher gewinnen. Econ.

Jobguide: Engineering. Matchbox Media.

Jobguide: Germany. Matchbox Media.

Kerber, Bärbel: Die Arbeitsfalle: Wie man sein Leben zurückgewinnt. Strategien gegen die Selbstausbeutung und für ein wertvolles Leben. Walhalla Fachverlag.

Knoblauch, Jörg: Die besten Mitarbeiter finden und halten. Die ABC-Strategie nutzen. Campus.

Knoblauch, Jörg/Hüger, Johannes/Mockler, Marcus: Dem Leben Richtung geben. In drei Schritten zu einer selbstbestimmten Zukunft. Campus.

Kratz, Hans-Jürgen: Das Vorstellungsgespräch. Optimal vorbereitet auf Ihren Live-Auftritt. Walhalla Fachverlag.

Kratz, Hans-Jürgen: Handbuch Bewerbung. So finden Sie den richtigen Arbeitsplatz. Walhalla Fachverlag.

Kratz, Hans-Jürgen: Musterbriefe zur Bewerbung. Anzeigen richtig interpretieren. Bewerbungen zielorientiert interpretieren. Walhalla Fachverlag.

List, Karl-Heinz: Kreative Jobsuche. Was will ich? Was kann ich? Wie erreiche ich mein Ziel? Walhalla Fachverlag.

Lucas, Manfred: Das erfolgreiche Vorstellungsgespräch. Das neue Bewerbungswissen. Walhalla Fachverlag.

Miller, Arthur F./Hendricks, William: Why you can't be anything you want to be. Zondervan.

Pease, Allan/Pease, Barbara: Der tote Fisch in der Hand. Und andere Geheimnisse der Körpersprache. Ullstein.

Püttjer, Christian/Schnierda, Uwe: Die Bewerbungsmappe mit Profil für Führungskräfte. Campus.

Püttjer, Christian/Schnierda, Uwe: Die erfolgreiche Initiativbewerbung. Campus.

Rottmann, Verena: Legale Bewerbungstricks. Geschickt antworten auf unzulässige Fragen. Lücken im Lebenslauf vorteilhaft kaschieren. Walhalla Fachverlag.

Schulze von Thun, Friedemann: Miteinander reden. Störungen und Klärungen. Allgemeine Psychologie der Kommunikation. RoRoRo.

Seiwert, Lothar J./Gay, Friedbert: Das 1 x 1 der Persönlichkeit. Persolog.

Winzen, Oscar J.: Das Profi-Hörbuch Bewerbung. Entspannt zuhören. Aus Beispielen lernen. Im Gespräch souverän umsetzen. Mit zahlreichen Musterbriefen zum Ausdrucken. Walhalla Fachverlag.

Stichwortverzeichnis